林何风 著

psychological counseling

36°C的心理咨询室

心 理 咨 询 师　说 给 你 听 的 故 事

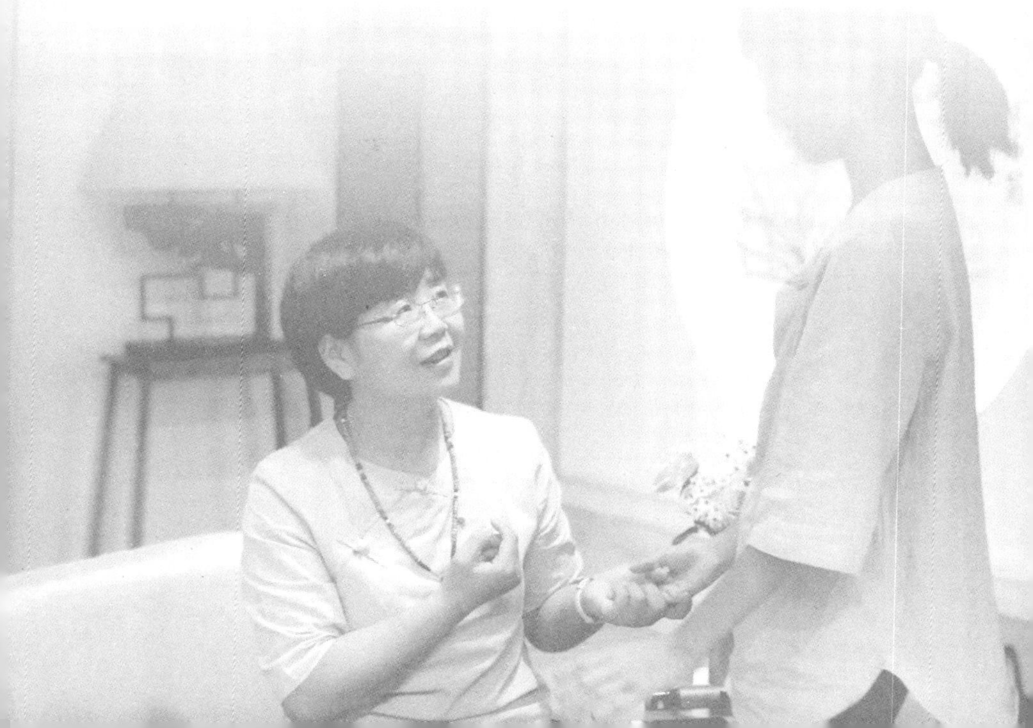

图书在版编目（CIP）数据
36℃的心理咨询室 / 林何凤著. -- 太原 : 山西教育出版社, 2019.1
ISBN 978-7-5440-9920-2

Ⅰ. ①3… Ⅱ. ①林… Ⅲ. ①青少年—心理咨询 Ⅳ. ①B844.2

中国版本图书馆CIP数据核字（2018）第126293号

36℃的心理咨询室
36℃ DE XINLI ZIXUN SHI
林何凤 **著**

出 版 人 雷俊林
策　　划 陈彦玲（特邀）
责任编辑 李梦燕　白　宁
复　　审 彭琼梅
终　　审 康　健
装帧设计 李　珍
整体书装 壹971（特邀）
内文设计/排版 田巧珍工作室
印装监制 蔡　洁

出版发行 山西出版传媒集团·山西教育出版社
（地址：太原市水西门街馒头巷7号　电话：0351-4729801　邮编：030002）
印　　装 山西科林印刷有限公司
开　　本 889×1194　1/32
印　　张 7
字　　数 90千字
版　　次 2019年1月第1版　2019年1月山西第1次印刷
书　　号 ISBN 978-7-5440-9920-2
定　　价 45.00元

小序

林何凤

学习和实践心理咨询工作以来，我接触的案例中极少有人因为自己的问题来访，接待最多的，是家庭个案。

年前整理案例，我忽然发现有几例相似的家庭个案，案例中的孩子无一例外，被母爱牢牢困住，不能动弹。

有的孩子左冲右突，寻找出路；

有的孩子就此封闭，从此不再走出家门半步；

还有一个孩子充满愤怒，眼神中却充满无助……

我开始思考一个问题：也许，爱，是有技巧的，它，该有适当的温度。

目录

心 理 咨 询 师　说 给 你 听 的 故 事

说起孩子的成长经历，妈妈都是眼泪。

01

面对深灰色的眼泪

“咣！”随着一声巨大的声响，咨询室的玻璃窗被一个男孩子挥起凳子砸碎了，玻璃碴子应声落了一地。

孩子的母亲紧张地一跃而起，夺走了孩子手中的凳子。孩子满腔的怒火似乎还没有发泄出来，开始打自己，并发出尖锐的叫声。

我也冲上去，抱住孩子，开始抚摸他的后背，安抚他。

这是发生在我咨询室的一幕，不算是工作的日常，却也不是多么令人吃惊的事。

这是一个患有阿斯伯格综合征的孩子，十岁，四年级。

阿斯伯格征的患者，在童年常常有社交隔离以及行为异常的症状。

阿斯伯格征患者往往在双向沟通以及非语言沟通上有缺陷，即使他们说话没有语法错误，人们往往也会因为他们说话时异于一般人的语调，以及重复性的发言而感到奇怪。阿斯伯格征的患者往往在发音以及大的肢体动作上显得笨拙，他们常有一个以上强迫性的嗜好，而对于合乎自身年龄的事物，反而不像同龄人这么有兴趣。★

这个男孩子拥有的是异乎寻常的正义感，但是不会恰当地表达。他刚刚上学的时候，除了不合群之外，与别的孩子没有太多的不同。在学校第一次被老师叫家长，是因为他打了同学，而打同学的原因是同学不遵守课堂规则。妈妈把他领回家，打了，骂了，也讲了很多道理，可是类似事情还是屡次发生。为此，他被迫转了两次学。

说起孩子的成长经历，孩子的妈妈都是眼泪。

林何凤

这位妈妈和孩子的爸爸一直两地分居，经济上也不是很宽裕。孩子的爸爸是独子，孩子的奶奶早逝，孩子的爷爷常年务农，是一位沉默寡言的传统农民。她和弟媳妇前后脚怀孕。她的妈妈明确表示要伺候儿媳妇，让她自己想办法。她生孩子、带孩子一直都是自己一个人。到了孩子四个月大时，产假休完开始上班，她就把孩子绑在床上，半上午和半下午回来看看。这一绑，就是两年多。

这位妈妈每天又累又委屈，还有很多的愧疚，满怀复杂的情绪无处安放，所以经常一两天都不说话，后来她发现孩子到三岁了，也不太会说话，甚至到上幼儿园时依然如此。因为有老话说，贵人语迟，所以她并没有重视孩子这个问题。

到了孩子三四年级时，问题越来越严重，与其他孩子的差异也越来越明显。来访之前，这个孩子又惹祸了。放学时，因为妈妈去接他稍微晚了一会儿，他出了校门就站在门口看人家炸臭豆腐，并且一直追问摊主，用的是不是地沟油。人家不理他，他就一声比一声大地问；摊主骂他，他转身就去找了一块石头扔进了油锅，溅出的油差点伤到摊主和围观的其他学生。摊主气得追打他，他吓坏了，拼了命跑过了几条街，最后躲在了一个工地的角落里瑟瑟发抖。天黑了，他仍然不敢回家。妈妈到处找不到孩子，报了警，直到半夜，才找到他。

接警的一位女警官是二级心理咨询师，她发现了孩子的问题，建议妈妈寻求心理咨询的帮助。

我们国家现在对阿斯伯格综合征的研究还是刚刚起步。我不能说孩子的问题百分之百是由于妈妈不恰当的养育方式造成的，但是妈妈自身的创伤，没有得到及时有效的处理，实质上已经伤害到了孩子，并且因为没有引起重视而错过了孩子的成长关键期，后期无法弥补。

我非常同情这个妈妈。在这个个案中，她需要的是支持和鼓励，而不是指责。孩子的爸爸后来也回到了家中，全力以赴为孩子寻医治疗。他们虽然做错了一些事，错过了一些事，但是已经开始觉醒，也许，这正是这家人的一个机会。

有时，孩子的症状的确从某种意义上增进了家庭成员的互动，推进了家庭成长的进度。

作为一名心理咨询师，我能做的，就是利用自己的专业知识，尽力让这些孩子在常人的社会中赢得包容与尊敬，一方面要让父母、老师了解和理解这些孩子，另一方面也要试着通过训练，教会这些孩子如何跟他们所处的这个社会进行沟通。

注：* 处文字来自百度百科。

心 理 咨 询 师　说 给 你 听 的 故 事

孩子出现的问题，往往是家庭问题在孩子身上的映现。

02

在创伤中长大

这个女孩子八岁，小学二年级，因为心因性腹痛来访。心因性疾病，就是说患者本身没有器质性病变，但是又真实感受着疼痛，不是装病。也被称为躯体化障碍。

这个孩子平时好好的，但只要一去学校，就会腹痛，而且疼得死去活来，面色苍白，豆大的汗珠顺着脸颊往下流，一看就不是装的。家人带她去儿童医院看过，也做了相应的检查，没有发现任何器质性病变。最后，医生建议做心理咨询，因此来访。

孩子的父母怀疑孩子在学校受到了伤害，也去学校侧面了解过，但是没有发现和老师同学之间发生过什么创伤性事件。他们能够猜想到的可能性都探讨了，然而问题依然没有得到解决。他们也听过别人的建议，强迫孩子去学校，结果孩子肚子疼得更厉害，老师也害怕，还是让他们接回家。孩子被接回家后，喝点热水，躺在沙发上看会儿电视，就啥事都没有了。妈妈说，打也打了，道理也讲了，医院也去了，现在真是没有任何办法了。

我看到孩子安安静静地坐在一边，就问她，你是希望大家一起咨询呢，还是想单独和我聊聊？孩子看了妈妈一眼，说，我不知道。我就问妈妈，我是否可以和孩子单独聊一下？妈妈犹豫了一下，同意了。

第一次单独聊毫无收获，孩子吞吞吐吐，言不由衷，没有提供任何有价值的信息。我总觉得她还有东西不愿说出来，可能还是因为信任并没有建立起来吧。

有一种心理治疗方法叫作沙盘游戏治疗，对年龄比较

小的孩子会比较有效。这种疗法刚开始看起来像是在玩游戏，孩子们容易放松；而且他们摆设的沙盘，也会透露出一些语言表达不足以表达的信息。

我为这个女孩子安排了沙盘游戏；结合孩子在沙盘游戏中的反应，还做了几次催眠治疗，之后脉络大致清晰了：孩子的妈妈非常要强，一直很重视孩子的教育，很小就开始给孩子安排了早教益智班的学习，从上私立幼儿园开始就学习各种特长，奔波于各个培训班间。到了上小学的时候，因为他们家附近没有特别好的学校，妈妈又专门找了好学校借读，据说花了不少钱。

在一次催眠治疗中，我给孩子做了催眠年龄回溯。当治疗回溯到她上小学之前时，孩子忽然惊恐地喊："不要，妈妈！不要，妈妈！"我让她描述当时的情景，她说："妈妈从外面回来，手里有很多钱。妈妈把钱扔到我身上，让我一张一张数清楚；我数不清楚，于是肚子开始疼；最后因为肚子太疼了，我哭喊着，醒了，还抽噎了半晌。"

我向妈妈核实情况，妈妈说的确有这样的事，她是想让孩子有感恩的心，有压力，然后能够珍惜机会，好好学习。我无意谴责这位妈妈的做法，就算是最完美的父母，我们也会在孩子成长过程中给孩子造成一些创伤，并且不自知，致使孩子在创伤中长大。

无论我们做什么样的职业，可能都需要进行培训，需要考取执照，持证上岗。唯独做父母，没有这个过程，生了孩子我们自然就成了父母。而没有经过培训的父母，我们称其为自然型父母。多希望天下父母都能有学习的意识啊！纪伯伦说，你的孩子不是你的孩子，他们只是借由你的身体来到这个世界……希望所有的父母都能够主动学习，尊重一个生命所拥有的无限可能性，因材施教，给予孩子全程的陪伴和无条件的爱，让每一朵生命之花，都自由自在地盛开！

心 理 咨 询 师　说 给 你 听 的 故 事

在妈妈激动地边哭边倾诉时，我注意到，女孩的双手死死地握紧杯子，指甲似乎都要嵌进杯里了，手指看起来毫无血色，有点吓人……

03

一位憔悴不堪的母亲

一位憔悴不堪的母亲带着她已经在某著名大学读研究生二年级的女儿来访。女孩子清秀苗条，脸色苍白。助理倒了两杯水给她们。在妈妈激动地边哭边倾诉时，我注意到，女孩的双手死死地握紧杯子，指甲似乎都要嵌进杯里了，手指看起来毫无血色，有点吓人。

是女孩自己要求来咨询的，她觉得自己患了抑郁症，并且有自杀的倾向。妈妈吓坏了。这么优秀的女儿是父母的骄傲，如果因为心理问题自杀，那他们一家是无论如何也不能接受的。

在我们国家，对待心理问题、精神问题，人们往往有一种羞耻感。如果家里人得了身体疾病，大家通常很容易给予关爱，但是如果有家人精神方面出现问题，大家却往往如临大敌，不是掩着盖着，就是视而不见，有时候甚至还鄙视患者，认为他们意志力薄弱。他们既担心外人知道，内心又不免有羞耻感。患者本人也容易被社会评价所绑架，开始时容易讳疾忌医，渴望自愈，直到情况恶化，才被迫向医生或心理咨询师求助。

抑郁症的确有自愈的可能，不过比例很小。

作为一名心理咨询师，我建议大家要在情绪低落、压力太大、纠结焦虑等负面情绪袭来的时候，面对现实，积极寻求帮助，及时咨询专业人士。就像我们没法给自己做手术一样，有些心理问题的确是没法通过自我调节疗愈的。

抑郁症的一个基本表现，就是患者不再能体验情感和生活的美丽。世界上的一切，喜怒哀乐、爱恨情仇，似乎都与他无关了。亲人朋友近在咫尺，他却远在天涯。他不但丧失了快乐、希望的能力，最后还会丧失爱的能力和审美的能

力。这个时候，人就成了一具躯壳，犹如行尸走肉。

上面这段文字里的所有感受，这个女孩子都有。而且，她已经有了自杀的倾向。她不能去很高楼层的教室上课，因为经常抑制不住地有一跃而下的冲动；有时走在大街上，她也会被飞驰而过的车流所吸引，想要冲进车流倒在飞奔的车轮之下……到我这里咨询之前，她已经被医院诊断为中度抑郁症，开始服药了。医生建议她辅以心理治疗，所以她预约来到我这里。

治疗抑郁症，尤其是中度以上的抑郁症，首推西医药物治疗。根据调查，这是见效最快，也是最容易给患者信心的疗法。如果患者有很强的自我改变的意愿，并且还有自知力，那么辅以心理咨询，会有事半功倍的效果。

这个女孩子的成长经历令人唏嘘：她的妈妈学历不高，所以一直很自卑，有了孩子之后，就发誓要给孩子最好的学习环境。无奈这位妈妈对“最好的”的理解就是最贵的，所以孩子从三岁起就被送进了所谓的贵族幼儿园，接着小学、中学、大学，一直到研究生二年级，都是离家住校，寒暑假也经常来往于辅导班和托管中心，和父母的接触很少。

妈妈为了孩子付出了很大的努力，家庭的绝大多数收入都花在了孩子身上。这一切给孩子带来了巨大的压力，她只能用优异的学习成绩来回报妈妈。已经24岁的大姑娘，没有谈过恋爱，没有知心朋友，不逛街，不化妆，除了学习，一无所长，也没有别的兴趣爱好。

我不能说孩子的抑郁症就是父母的教养方式造成的，但是其影响不可忽视。一个人的童年创伤，在社会化过程中，会被一层又一层的防御机制所覆盖，当没法盖住或者防御机制终于被击穿的时候，就会表现为心理问题乃至于心理障碍。

经过一年零九个月的心理咨询和治疗，这个女孩子终于回到了熟悉的校园，恢复了正常的生活和学习。

我们往往过于重视身体的健康，而忽视了心理健康的建设。希望大家积极关注自身和身边的人的心理健康状况，促进身心全面发展，提升生命品质，构建和谐人生。

心 理 咨 询 师　说 给 你 听 的 故 事

这个家庭之中丈夫成了一个多余的角色，儿子才是那位母亲真正的伴侣。

04

孩子高考失利……

机缘巧合，我遇到了一个家庭治疗的个案，可以作为一个范例。一家三口，父亲谈不上英俊潇洒却也相貌堂堂，不怒自威；母亲却神情沮丧，面色灰暗，似乎比丈夫年长了许多；儿子长相酷似父亲，一看就是一个聪明能干的孩子，懂事内敛，却有一些与年龄不相称的沧桑和沉重。

这个家庭因孩子高考失利后自称记忆力丧失来访。可是访谈的过程中我们看到的却是孩子与母亲的纠缠不清。妈妈一流泪，儿子就伤心，两个人同声共泣，好像一个人。

儿子对母亲的一举一动都密切关注，整个身子都转向妈妈那边。父亲独坐在另外一边，目光却被儿子牵扯，因着儿子的情绪起伏或悲或喜。

来访原因虽然看似孩子的问题，可是随着访谈的深入，我们看到了这个家庭夫妻已分居多年的事实以及上一代人之间的矛盾纠纷对孩子造成的影响。夫妻之间的僵持使妻子放弃了对丈夫的依靠，她把自己全部的爱都放在了孩子身上。儿子说，妈妈多次亲口告诉他是为了他才维持这样的婚姬，并且常常在孩子的面前流泪、抱怨。儿子清晰地感受着来自母亲的委屈和压抑，无奈地承担着本来不该他承担的情感重负。父亲在一旁看得清楚明白，焦急万分，却因为母亲的拒绝而无法加入，只能眼睁睁看着母子二人在困境中挣扎……

在这个家庭中丈夫成了一个多余的角色，儿子才是那位母亲真正的伴侣。这个少年对家庭有深重的责任感，忠实于家庭，尤其忠实于妈妈。妈妈哭他也哭，好像只有这样才

能表达对妈妈的认同。

在一定意义上说，高考的失利是孩子自己的选择。他无法承受即将与母亲分离的焦虑。母亲也无法接受儿子长大即将离家的事实，所以会在有意无意中用言语刺激、情感干预等方式加重孩子的这种分离焦虑，最后必然导致儿子高考失利，无形中给了儿子一个合理的理由不离开母亲。

波澜不惊的访谈背后却是一场惊心动魄的家庭保卫战。谁都是好人，妈妈吃苦耐劳，为了家庭和丈夫付出了很多，是传统而典型的家庭妇女；爸爸是家庭经济的中流砥柱，坚韧不拔，努力维护着自己的家；孩子思路清晰、表达条理，学习成绩优异，比同龄人多了几分成熟。遗憾的是，每个人都在努力，却没有一个人找对了自己的角色。

这个个案中，看似孩子的问题，实则却是家庭成员角色定位的缺失和长辈冲突对孩子成长的影响。爸爸妈妈应该主动去学习如何做合适的父母，孩子应该做回“不识愁滋味”的少年。

家庭治疗，我们可以做的还有很多。

心 理 咨 询 师　说 给 你 听 的 故 事

反复之后，我终于看到了男孩的脸，尤其是他的眼神。

05

终于看到了男孩的脸

这个家庭我只约见了两次，但是印象特别深刻。

之前孩子的妈妈就给我打过电话，期望我们能够上门去给她的孩子做咨询。从我的角度来说，一是没有时间，二是按照心理咨询的自愿原则，要求那个妈妈先来接受咨询。可能是她不太理解我的意思，后来没有再来过电话。

再一次和这个家庭有了交集，是因为孩子的父亲辗转找到我的一个弟弟，并通过弟弟联系到我。他再三地请求我，希望上门去看看那个孩子是否已经有了精神病的症状，是否需要送医院。我再三跟他解释心理咨询的基本原则之一——自愿。到心理咨询室咨询的来访者必须出于完全自愿，这是确立咨访关系的先决条件。没有咨询愿望和要求的人，咨询师不应主动去找他(她)并为其做心理咨询。只有自己感到心理不适，为此而烦恼并愿意找咨询人员诉说烦恼以寻求心理援助的人，才可能通过心理咨询获得问题的解决。如果这个孩子自己没有想要改变的愿望，那我就算本事再大，恐怕也无能为力。但最终，出于需要了解孩子是否已经罹患精神疾病、失去自主意识的考虑，我还是同意在弟弟的陪同下上门一次，并且和家长有言在先，如果孩子没有精神疾病，那么在孩子没有诉求的情况下，我是没有办法为其做咨询的。

到了才知道，原来这个家只有孩子一个人居住，他的爸爸妈妈被赶出家门在外租房已经有一年多了。孩子根本不允许父母回家见他，只要见面，他对自己的父母便非打即骂，据说有一次还举起了菜刀。这次为了能让孩子顺利地见我，他们还特地约来了孩子的一个阿姨，由她先行开道，我们一行才“鬼鬼祟祟”地向他们家楼上出发。期间孩子的母亲几次想要提醒我应该怎么和她的孩子说话，被我制止了。如果按照同样的方法去和孩子沟通，只能收到同样的效果。我不想一见面就被打将出去，所以绝对不能听她的。

妈妈开门的手法干脆利落，一看就是久经训练。门一打开，还没有听到什么动静，孩子的父母便在第一时间不见了踪影，速度之快，不禁引起了我的好奇：这究竟是一个什么样的孩子？怎么把他自己的父母吓成了这个样子？一进门，我一个趔趄，差一点被绊一个跟头。仔细一看，原来满地都是吃空了的方便面盒子和其他的食品包装盒、包装袋，还有饮料瓶子、瓜子皮、花生皮，各种颜色的塑料袋等，整个屋子像是一个大垃圾场。天色已近黄昏，我们遍寻开关，一一试过之后才发现家里根本没有电。那个带我们进来的阿姨在一个小房间的床上发现了正在呼呼大睡的大男孩，推醒他之后这位阿姨也走了，留下我和我的弟弟面面相觑：连孩子的长相都看不清楚，怎么判断啊？正疑惑着，灯亮了。后来下了楼才知道，是妈妈看到没电才去买的电。

男孩开始的时候一直背对着我们，拥着早已看不出什么颜色的被子坐在床上。我直截了当地告诉他是他的父母花钱请了我来，让我看看他是否有精神疾病，是不是需要送精神病院，如果他不肯转过头来让我看看的话，那我就只好把钱退给他们，并且再也不管这件事了。他的房间气味如此难闻，我真的不想多待一分钟了。听了这话，男孩子把脸转了过来，并且清楚地说："我才没有精神病呢！"

我终于看到了男孩的脸，尤其是他的眼神。这是一个非常清秀的男孩，看起来比他父母告诉我的22岁的年龄小了好多，也就十六七岁的样子。因为好久没有清理个人卫生，他看起来很是萎靡。他告诉我，他每天的生活基本就在网上或床上，一般不下楼去。吃的东西他知道是妈妈送来的，但是他没有见过她，因为妈妈每次都是飞快地开门，飞快地把吃的放下，就赶快锁门离开了。之所以不让他们回家，是因为“他们”太烦了。（在我们对话的过程中他始终用“他们”这两个字来称呼他的父母，被我逼问“他们是谁”时才用极小的声音说爸爸或者妈妈）

问及是否愿意改变时，他说不愿意，还说人活着就是这么回事，他不想上班，不想出去。事实上，他自己已经试过了七八份工作，都因为各种原因没法做下去，辞职了。

我于是说，如果你什么时候愿意改变了，可以和我联系，我是很有名的心理咨询师（自夸一下，也是为了取得信任），如果不信就上网去百度我的名字好了。说完，我和弟弟就离开了。下楼的时候遇到了他妈妈，她拎了一包食品正上楼，计划趁我们在，让我们劝他儿子吃下去。我告诉她，不要期望就此把孩子甩给我们，并且我也不建议她继续给孩子送饭。但是妈妈不听，执意要上去。我弟弟不

忍心，又陪着上去了。孩子的妈妈倒是很快下来了，我弟弟却良久才出现。告诉这对父母孩子的精神没有问题之后，我们就离开了。回家的路上，弟弟告诉我，当他再一次上去的时候，那个男孩正在网上搜索我的名字呢。我并没有沾沾自喜。如果他自己没有想要走出来的愿望，如果他的父母尤其是母亲不改变对待他的方式，无论谁也是一点办法没有的。

孩子已经22岁了，妈妈却仍然用对待十一二岁孩子的方式对待他。当孩子的成长遇到问题的时候，妈妈用自己老母鸡般的羽翼给予他及时的保护，甚至不惜委屈自己和孩子的父亲，外出租房住，以尽量满足孩子的要求，不让孩子受一点委屈。如此舒适的环境，如此自由的生活，换作是我，我也不愿意去上班，去经历陌生环境的风雨。

后来又见了孩子的父母一次，他们仍然一厢情愿地不断请求我去家里帮助他们的孩子，对于我提出的改变应该由他们做起的建议置若罔闻。咨询由此而中断了，我再也没有听到他们的消息。可怜那个已经22岁的已经成人的男人，也许只能以孩子的自我认知，在妈妈的羽翼下生活一辈子了。

心 理 咨 询 师　说 给 你 听 的 故 事

我们需要做的，是把仍然依附于母体的大男孩分离出来，让父亲有机会重新学习接近儿子，让貌合神离的夫妻可以再次正常相处。

06

家庭治疗的魅力

这一个家庭，我已经陆续接触两个多月了。他们最初是因为孩子的学习成绩急剧下降来访的。（我发现很多家庭都是当孩子学习成绩有问题时来访，可见在当今的社会，成绩已然成为评价一个孩子的唯一指标，这应该是社会发展的悲哀吧！）但是在家庭治疗的过程中，我们却慢慢发现孩子心中对父母充满了愤怒，以至于一段时间内，我的助手都认为孩子是这个家庭的受害者。

原来，在孩子很小的时候，父亲就出去创业了，家里日夜相伴的只有母子两个。母亲一心想要证明没有丈夫的帮助自己也可以把孩子带得很好，于是从孩子很小的时候起就为孩子安排了大量的各种素质教育课程。孩子年龄小的时候还听话，在各种培训班中疲于奔命。到了青春期，孩子积压的各种情绪忽然爆发，发现学习原来是可以控制父母的最好武器，每当他成绩波动，母亲就紧张万分，连远在他乡的父亲也会匆匆赶回来。他发现学习成绩不好竟然有如此功效，当然成绩会一路下滑。我夸孩子聪明，找到了控制父母的良方，他说他还会更绝的，那就是考试的时候就算会，也不肯在卷子上写一个字。

母亲满心委屈，不知道自己一心为孩子前途着想，为何遭到孩子如此反抗，开始埋怨丈夫的不管不问。丈夫急着为自己辩护，说起在外拼搏的日日夜夜也会红了眼眶。看着这一家三口各自充满委屈却又绝不彼此支持，连我们这些局外人也有一种说不出的憋屈的情绪。

父亲口口声声说自己的辛苦都是为了让母子两个生活得更好，母亲却觉得自己像一个“单亲妈妈”；母亲一再强调安排各种学习班是为了孩子的将来着想，却从来没有考虑到一个连眼前的快乐都无法把握的孩童，怎么能理解将来可能有的辉煌；孩子被父母之爱所困，难以完成自我发展。一个孩子要长大，终得脱离父母，创造自己的空间。而目前孩子的空间里，却只有母亲。可怜他被缺乏了夫妻之爱的妈妈牢牢地用母爱困住，动弹不得。

我告诉孩子，学习是自己的事，以后学习成绩不好，能否不要让母亲知道？母亲的焦虑立刻浮现在脸上，并且打断我们的谈话，急着发言。孩子的学习成绩下滑，突然变成一种母子关系的联系和表达。

但是最难的，是怎么让母亲明白，孩子的学习成绩不好是在为满腔情怀无处投射的母亲制造机会，让母亲有发泄的渠道。这种微妙的家庭心理，比孩子本身的问题来得更神秘。

父亲在旁看着我们一步一步引出他妻儿的复杂情绪。原以为自己辛苦经营是为了让儿子获得最好的学习机会，谁知反而造成妻儿变成一个连体婴，再也不能分体。我问他："这样下去，你怕不怕会失掉儿子？"

父亲茫然点头，望着眼前已经发育成熟的儿子，才猛然惊觉儿子已经变成陌生人；再望向经年伴子不伴夫的妻子，他更加担忧，因为妻子的关注，显然是全部落在了儿子身上。

家是一个奇怪的"多体动物"，如果任由它自然发展一段时期，它就会自生枝节。这个道理，我们往往觉醒得太迟。孩子的学习成绩问题，其实是为一家人制造了一个重新调整的机会。

我们需要做的，是把仍然依附于母体的大男孩分离出来，让父亲有机会重新学习接近儿子，让貌合神离的夫妻可以变得再次亲密。

一家三口，本来为孩子的成绩问题而来，一个小时后，却带着重建家庭关系的新希望而去。

这就是家庭治疗的魅力。

心 理 咨 询 师　说 给 你 听 的 故 事

爱有三种，即：有条件的爱、有原因的爱和无条件的爱。

07

“无条件的爱”

我有幸参加过一场《成功父母，成功小孩》的研讨会。主讲者是来自美国的一对夫妇——麦克·乌诺(Michael Wayne Uno)和凯西·乌诺(Kathryn Uno)。麦克和凯西拥有一个有三个子女、八个(外)孙子的幸福家庭，是真正知行合一的成功父母，目前，他们正在努力成为合格的(外)祖父母。

一整天的培训看似辛苦，其实收获极大，不啻为一次意义非凡的心灵之旅。很多人认为做父母是人的本能，不需要学习。我虽不这样看，可也以为四十有余的我，走山走水，经历风雨，饱读人间冷暖，阅尽人生坎坷，人生虽然不是最完美、最优秀，至少有不少人生成功的经验，还有很多人生失败的教训，在心灵成长方面也做了不少的功课，不能说是成功的妈妈，做个合格的妈妈应该绰绰有余。但听了麦克和凯西的分享，我心里真像是打翻了五味瓶，酸、甜、苦、辣、咸，五味杂陈，有对过往自己没上过这么好的课程的遗憾，因为如果当年的我被这么好的课程熏陶过，我的人生真的会不一样的；也有赶上好时候的庆幸，多亏现在还能补上这么好的课。我才知道，现在自己不过是在补上青少年时代缺失的最重要的课程。而对我们的下一代、后辈，把这么有价值的课程传递下去，孩子们会少走多少弯路啊。

首先引起我强烈共鸣的，是两位可敬的外籍老师在课程中的关于真爱的讨论。我先简单重述老师们关于真爱的界定。老师在对三种爱，即有条件的爱、有原因的爱和无条件的爱进行了分析后，把真爱界定为“无条件的爱”，并指出无条件的爱的四个特征，它们是：(1)非盲目性；(2)只有自我满足的人才能经历；(3)"付出的"爱；(4)能激励他人改变。在听到老师的这些阐述之初，说实话我倒并没有觉得震撼，只是感受到发自内心的喜悦，因为这是我一直以来就执有的信念，而现在这个信念再一次被专家肯定，使我产生了一种强烈的认同感和归属感。诚如很多人所认为的，在现在这个浮躁的社会里，这样的爱太难觅、太少了。但少而难寻却不能成为我们放弃追求真爱内涵的借口，并且，唯其难寻，才愈显其可贵。

我自己在家庭教育讲座中常提到对孩子应该付出"无条件的爱"。中国的家长恐怕是世界上对孩子期望最多的家长。这些期望不仅是针对孩子自己的成长，还包括对父母所得到的回报的期望。尽管现在有些家长观念已经很西化了，但是骨子里还是存有"养儿防老"的想法的。而在我们对孩子的成长的期望中，又有多少是表面上为了孩子，实则是为了我们自己的虚荣心、身份归属感、人生的遗憾等跟孩子无关的东西呢?无条件的爱对子女的教育来说至关重要。如果父母给孩子的爱是有条件的,那么孩子就会明白,只有做了父母期望的事才会得到父母的爱,孩子是要靠自己的行为去挣得父母的爱。许多家长不觉得这有什么问题,很多时候我们为了更轻松地管教孩子,会无数次跟孩子强调“宝宝乖,大家就喜欢你”。

人本主义心理学家卡尔·罗杰斯认为,有条件的爱(他称为有条件的“积极关注”)的结果就是,“孩子们学会了抛弃他们自己的真实感情和愿望,而只是接受被父母赞许的那一部分自我。他们拒绝自己的弱点和错误。最终,孩子变得越来越不了解自己,而且在将来也越来越不可能成为一个心理健全的人”。

第二个给我留下深刻印象的,是两位老师谈到的孩子的自我形象的建立。麦克老师在课程中首先谈到消极的自我形象的危害,如自我形象差的人可能在社交上缺乏信心,可能对他人的意见极为敏感,他们往往对自己的外表、地位和表现过于在意，也往往对生活持悲观态度，常常缺乏安全感等。积极的自我形象是建立在归属感、价值感、重要感这三方面基础之上的，要形成这三种自我感受就必须克服四个误区：表现误区、指责误区、认可误区和羞愧误区。要始终牢记："我们首先必须拥有自我价值的目标，视自己很有价值也很重要"，"我们每一个人都是特别的"，"在失败中依然要知道我是有价值的"。

我先来阐释几个概念。归属感，意思是："我属于谁？"(Who do I belong to？)这是一种关系，在关系中"我"被无条件接纳、无条件爱着，因而有安全感。价值感，意思是："我是谁？"(Who am I？)知道"我"是独一无二、举世无双的，是有价值的，对别人来说是重要的。重要感，意思是："我做什么？"(What do I do？)知道"我"是有能力的，不管什么事情都能做到，能够有所贡献。

孩子的自我形象根植于他们对自我价值的理解，特别是父母对其价值的理解和表达。在帮助孩子树立积极健康

的自我形象方面，无人能与关爱孩子的父母相比。孩子需要知道你爱他这个事实，也需要知道他对于你来说是多么的宝贵。要想让孩子成为情感健康的人，父母必须把孩子自我形象的形成视为重中之重。大多数孩子对自己的看法和感受随着每天的生活经历上下波动。父母的一个眼神、老师的一个评价、朋友对待自己的方式以及自己做的难为情的事，都会给孩子的整体幸福感带来暂时性的影响。

一整天的学习信息量大得惊人，我需要慢慢消化和整理。接下来十五次的连续学习，我一方面多和外籍教师交流沟通，了解家庭教育的多元化发展趋势；另一方面也为了自己和孩子努力学习，不求成为专家，只求成为更好的妈妈！

心 理 咨 询 师　说 给 你 听 的 故 事

我们为什么如此强烈地渴望被关注、被了解？

08

看和看见，这是两个词

看，看见。这是两个词。

湘潭的一个31岁的母亲抱着两个孩子跳楼了，不论是因为家暴，还是因为产后抑郁，破碎的是一个家庭，伤到的，是爱你的人。网上为此吵得不可开交，但也是暂时的。时过境迁之后，能够让大家从中吸取什么教训？我仔细看了这位母亲长达十几页的遗书，全部的绝望其实都是来自不被“看见”。

这是一个全职妈妈，辞去了年薪十万的工作，三年时间生了两个孩子，一儿一女。按照遗书中的描述，丈夫全家不仅没有帮她带孩子，而且还认为孩子很好带，因为丈夫的原生家庭中女人都是自己带孩子的。这位女士的母亲帮她带孩子，同时也一直要求自己的女儿要隐忍、大气，甚至在家暴发生时，也没有站出来支持自己的女儿。绝望，来自从来没有被“看见”。这个人，以及她所有的情绪，都没有被看见，所以她绝望了，放弃自己生命的同时，还带走了孩子，在自己人生悲剧的基础上叠加了一层惨烈。

我们为什么如此强烈地渴望被关注、被了解？忘了在哪一本心理学的书中看到过，人，是不成熟的出生，在我们生命的前几年，没有人照顾，就活不下去。而那些照顾我们的人，又不一定能够时时刻刻关注到我们的需求，所以，为了生存，我们发出一系列的信号来赢得他人，尤其是重要抚养人对我们的关注，以保证我们能够顺利长大。因此，每一个人内在，都渴望被理解，被认同，只是手段不同。

如果我们始终能够被看见，能够获得无条件的支持和啊，妈妈，你每次要我容忍，大气。我忍了三年，这次我大气不了了，对不起。大气换不回理解和尊重。大气只换回了今天的家暴，和他口中的一句“疯狗”。你曾经漂亮自信的女儿，现在变成别人口中的一句“疯狗”，你任由他抓着我头发推倒在地上，妈妈，我做错了吗？我的遗体你们看能捐就捐了吧，不能捐就烧了撒家乡的河里吧。

16.你们会说，这都是家庭琐事，有啥了不起。只能说，你们比我坚强，而我失去了希望。如果说一个嫌弃的眼神、一句蔑视的话语、一次言而无信的承诺，只能让人一天不快，那每天呢？三年呢？以后三十年呢？我考虑过等孩子上幼儿园就出去工作，我是多么期待那一天！但是今天这样的家暴，让我觉得我等不到那一天了，等不到自己强大到能和丈夫争抚养权的那一天了。在那一天之前我会受到更多的家暴，而我的孩子会受到更多的伤害。是的，他认为男孩子从一两岁开始就不应该哭，可他教会他们爱了吗？因为他自己都不会。孩子们目睹爸爸对妈妈家暴，而妈妈又不能带孩子们离开，我真的走投无路了。宝宝们，希望你们下次选择妈妈的时候，找一个坚强勇敢的妈妈，找一个有爱的家。

17.请认识我的所有朋友，有时间的时候，打个电话或者去看下我爸妈吧。你们的善心我来世一定相报。

2017年 1月6日离我阳历生日刚好还有一周，呵爱，我们就会向着健康的方向发展，生命就会呈现出阳光且欣欣向荣的景象。

可是，如果始终都不被看见，无论如何改变自己也难以获得他人的满意，那么，当大量的负面情绪积累到一定程度的时候，我们不是向外攻击，表现出极大的杀伤性，就是向内攻击，进而自伤，自残，甚至自杀。比如湘潭的这位母亲。

图片是遗书的一个部分。自己的亲妈妈在家暴发生的时候没有支持自己，也是压垮她的最后一根稻草。

我们都不是当事人，每一件事情的发生都有其偶然性也有必然性。事件已经发生，希望死者安息，也希望生者能够从中得到一些启示，不然，她就真的白死了。

心 理 咨 询 师　说 给 你 听 的 故 事

愤怒的情绪瞬间把我淹没，但是紧接着就是自我谴责。谁没有年轻过？

09

儿子的女朋友

今天凌晨四点，作为一个妈妈，我很愤怒，怒到发抖，心疼，睡不着了。后来打坐了一会儿，才心绪平静下来，再一次入睡。

啥事气成这个样子？因为儿子，更因为儿子的女朋友。看到这里，会不会有朋友觉得，明白了，我这个未来的婆婆嫉妒人家未来的还不知道是不是媳妇的那个人了！还真不是。

不卖关子，直接说事情。凌晨四点，我被卫生间的动静惊醒，因为素来早睡，四点也就快到我起床的时候了，所以很容易就醒了。结果听到儿子在打电话，另一端是一个嘻嘻哈哈的女声。我一下子就怒了，大声呵斥了儿子，他瞬间就把电话挂掉了，而且马上去睡了。我却再也睡不着，感受心痛的感觉。

昨晚我睡之前儿子就在给女朋友打电话，我提醒了他要早睡，他告诉我和女朋友吵架了，要哄她。我就先去睡了，四点再次听到他还在打电话，我的火瞬间爆发了！无论将来能不能走到一起，得哄六七个小时的女孩是什么样子的人？何况熬夜在我们家一向是最大的禁忌！无论如何，不能不顾身体吧？这些是表面的生气理由。

愤怒的情绪瞬间把我淹没，但是紧接着就是自我谴责。谁没有年轻过？我是不是太过分了？儿子瞬间就挂了电话，六七个小时是不是白哄了？明天是不是又要接着吵架？然后又开始自我安慰，可是儿子熬夜我也很心疼的呀，心疼自己的儿子还有错吗？她根本不爱我儿子，自私！诸如此类的念头纷至沓来，搅得我心口疼痛，无法平静。

都说纸上得来终觉浅，绝知此事要躬行，我学习心理学，修行，可是还是如此容易情绪波动。想起自己以前学习过的临在、观呼吸的方法，索性翻身坐起来，打坐，观呼吸。当自己关注到了自己的一呼一吸，感受到自己的身体的时候，带着觉知，不管生起什么念头，都只是让它经过我。不知道过了多久，愤怒的情绪慢慢平息了。我发现自己的情绪又是头脑的演绎，所谓关心儿子也不过是担心他身体不好了给我找麻烦罢了。

想通了这一点，情绪也没有了，我认同了一个角色，叫作母亲；认同了一种行为，叫作控制。所以一旦遇到控制之外的事就会自动化反应，还美其名曰爱。多少控制，披上了爱的外衣！

海伦老师说过，当一个人的内在发生了改变，不是通过你的努力获得的，而是通过你的放松和接纳获得的。很多老师的金口玉言，在课堂上听过了，记下来，也不是自己的；只有经历过了，并且在当下觉知，才有可能真正地成长。一起开始践行吧！

十年，我见证了他的成长历程，忽然有写出来的欲望。

10

祝福的信息，蜂拥而至

节日期间，祝福的信息蜂拥而至。众多的信息当中，有一条微信引起了我的格外关注：“林老师，我又升职了！现在是一个分公司的负责人了！感恩多年前遇到您，祝您节日快乐！”同时发来的，还有一个大大的红包。我一下子想起了那个十年前被父母押着来访的17岁的大男孩，十年，我见证了他的成长历程，忽然有写出来的欲望。

十年前初夏的一天，我在咨询室值班。第一个咨询预约就是这一家三口。一进到咨询室，妈妈就迫不及待地坐在我的身边,欲语泪先流。爸爸坐在妈妈身后稍远一点的地方,孩子坐得更远,而且整个人背对着我。在我递上纸巾后,妈妈擦了擦眼泪开口了:“老师,你救救我家孩子吧!”通过妈妈的讲述,我大概了解了孩子的基本情况,17岁,过了暑假就是高三了,学习成绩差,爱上网,爱打架。最近又添了新毛病,偷东西,把家里的好多东西拿出去卖了,换成钱去上网。妈妈边哭边说,爸爸稍作补充。孩子梗着脖子坐在一边,我都看不到他的表情。

在妈妈对他成长经历的描述中,我看到了一个领袖型的男孩子的形象。所以,当妈妈的述说告一段落之后,我对着孩子的背影开口了:“孩子,做老大不容易吧?你罩着那么多小兄弟,当然需要大量的时间和钱了。做学生,经济又不独立,你真是太不容易了!”

不耐烦地等待咨询快点儿结束的孩子听到我这样说,诧异地转过头来看我:“您是不是认识我们班主任?”有门儿!孩子不对抗了,还开口和我说话了。我当然不认识他的班主任，我只是运用自己学习过的九型人格的知识，初步判断了他的性格为八号性格，然后根据判断共情了一下罢了。九型人格，运用于心理咨询，最大的益处就是让我们不再停留在问题的表面去纠结，而是直指每一个人性格特质的核心，深度共情，这样咨访关系很容易就建立起来了。有了良好的咨访关系，咨询就能够顺利地进行下去。

一年的时间，对于这个孩子来说，提高学习成绩不是最重要的咨询目标，最重要的是让他真正清晰地了解自己的性格特质，因而做出更适合自己的人生规划（有些书上叫生涯规划）。所以接下来的时间，我们每周一次的咨询基本上都围绕八号性格展开，他也越来越了解自己行为背后的动机和自己的人生使命。

领袖型人格的人生使命是保护、带领，特质是从不害怕、有谋略、目光长远、懂得保护身边人，想方设法解决问题、有力量有冲劲去克服困难。要开山劈石做先锋，建立长远目标，他们是最佳人选。

我和孩子的爸爸妈妈做了深度的沟通，帮助他们看到了自己孩子的天赋才能，引导他们学习如何有效支持一个领袖型的孩子，比如，给他做决定的权利，尊重他的独立意志；比如更多关心他的衣食住行等生活琐事，在大事上和他商量，尽可能放权；比如学会示弱。妈妈做得非常好，尤其是在孩子面前示弱，寻求儿子的帮助和保护方面。有一次，孩子说要去和同学玩，估计很晚回来，妈妈说可以去放松一下，不过爸爸出差了，妈妈一个人在家里会比较害怕，希望孩子能够早点回家。没想到的是，孩子真的挺早就回来了。

当一个人被真正地理解和看见时，他自身原有的动力就被很好地激发了出来。高考前夕，这个小领袖开始收敛自己，开始学习，向内探索。虽然最终高考成绩不算理想，可还是被一所高职院校录取了。上大学后，他发挥自己的性格优势，很快从社团活动中脱颖而出，由系部学生会主席成长为校学生会主席。毕业时，由于出色的领导能力，他签了一家不错的公司；同样由于他发挥出了自己的性格优势，在短短的几年时间内，他做到了一个分公司的负责人。

其实我想说，当你真正遇到挫败，或有一天醒来突然觉得自己被卡住了，希望自己还可以活出人生的精彩，那么，你可能就需要来思考一下，关于自己。很快我们就会发现，许多错误皆出自于对自己的认识不清而带来的行为的飘浮不定。所以愈早面对自己的人，愈能掌握人生的方向。

学习，从任何时候开始都不晚。

心 理 咨 询 师　说 给 你 听 的 故 事

孩子本身就是完美,也向我们展示了他的完美。

11 小小婴儿更需要什么

妈妈应该如何陪伴小小婴儿呢?

老子《道德经·第十章》:载营魄抱一,能无离乎?专气致柔,能婴儿乎?

这里,我的理解是老子用婴儿来类比道。婴儿是最自然、最本真的,他们的生命力是最旺盛的,其未来是远大且无可限量的,尽管婴儿柔嫩纯朴,但本真尽在,元阳未失,所以"毒虫不螫,猛兽不据,攫鸟不搏,骨弱筋柔而握固"。

现代人经常喊累,却不知累从何而来。有段时间我在娘家妹子家里看一个四个月大的孩子。经过认真观察和体验，我发现婴儿的几个特点让他们活得不累：

其一，顺其自然，饿了，困了，都要哭，寻求帮助，不扭捏，不多虑。开心了，就笑。这种笑往往使得身边的大人笑意油然而生。今天我们三个大人围着宝贝逗他，却被他出声的大笑逗得哈哈大笑，搞不清是谁在逗谁。陪着小婴儿，就是陪着一个纯然的生命，太奢侈也太幸运了！

随着年龄的增长，这种纯然变得越来越少，因为我们开始感受到不安全，感受到被侵犯，头脑飞速运转，给各种事件下定义，人生变得越来越复杂。这不怪我们，这是在社会上生存所必需的。只是，你还能否保持觉知，知道自己是谁，在做什么？能够清醒地知道，就不会远离大道。

其二，全然交托。六个月以前的小婴儿是不认生的。谁抱他哄他都可以，他柔软的小身子全然打开，由你摆布。不恐惧，不抗拒。想想我们自己，当别人靠近我们的身体，试图去改变我们身体姿态时，我们要不就自己配合努力，要不就恐惧抗拒。我们的身体不再柔软，变得硬邦邦的；与此同时，我们的心也硬邦邦的，感受不到爱，不会感恩。所以，全然信任，全然交托，是不会累的。修行，从信任开始吧！彻底地信任自然之道，信任身体本身的智慧，放下头脑，从小我的控制中解脱出来，才能真正不受苦，也就是开悟了！

其三，孩子本身就是完美，也向我们展示了他的完美。这份完美来自造物主，不值得炫耀，却也提醒我们不去攀比和羡慕。我们原来也都是完美的小婴儿，后来却变成了有了羡慕、嫉妒、恨的成人，把自己困在了比较的牢笼中，与幸福快乐失之交臂。

现实生活中，我们成人每天都在教给小孩方法、原则，然而很多时候，婴儿在教给我们自然、信任、乐观和信心！只要我们存着爱心、耐心，而且愿意常常活在当下，反躬自省，你就会发觉孩子常常以他们纯真的赤子之心，悄悄地指点我们为人、为父、为母之道！

越是过节，越是容易彼此伤害。

12

真正的疗愈

过年，老规矩很多，比如说不要骂孩子就是其中的一条。你家今年过年打骂孩子了吗？根据我自己了解到和每年学生回来分享的情况，父母不骂孩子的，好像还真是不多。大过年的，为啥还是要和孩子过不去？

过年，给我们提供了父母与孩子朝夕相处的机会，这是好事，也是考验。过年是重大节日，规矩多，事务多，人与人之间的矛盾也容易凸显；而且我们习惯性地在外人面前强颜欢笑，回到家里就原形毕露，常常把负面的情绪带回家，在孩子面前无所顾忌。所以，越是过节，越是容易彼此伤害。

怎么办？我记得有一个妈妈问过我，凭什么我要忍着？我有负面情绪，在外面发泄不了，回到家还不能发泄吗？家，不就应该是包容的场所吗？遗憾的是，孩子和另一半也需要发泄，也需要被包容，大家回到家里都发泄，这样家就成了负面情绪的垃圾场。

从心理学的角度说，这是不成熟的想法。只有孩子才会认为，我没办法处理我自己的情绪，我没办法为我自己的情绪负责任，所以，会要求别人包容，要别人为自己负责任。成长，就是让我们看清楚自己情绪的来源，并且为自己的情绪负起责任来。

那么，情绪到底从哪里来的？有人说，情绪来自当时当下的事情，有人惹我了，有事情不符合我的要求和习惯了，我当然会有情绪，要发脾气。真的是这样的吗？我们常常会注意到这样的现象，同样的事情发生了，我们有时候会发脾气，有时候却不发脾气。比如一位妈妈，出去了一天回到家，孩子把玩具扔了一地，这是一个事件。如果这一天妈妈在外面事事顺利，心情愉快，那么此时妈妈不会生气，还有可能夸奖孩子有创意；如果这一天妈妈在外面遇到了不开心的事情呢？那么情况可能就大反转了，妈妈可能一进家门就大发雷霆，甚至把孩子的玩具扔掉，还美其名曰给孩子立规矩。

看到这里，大家可能就明白了，我们的情绪来自我们自己生命经历中受过的创伤。这些创伤在我们当时的年龄和阅历背景下没办法得到完美解决，为了保护自己，我们就会采取回避的态度，用压抑等方法去处理这些伤害。慢慢地，这些伤口看起来结痂了，甚至痊愈了，可是，当类似情境再现的时候，我们的旧伤被触动，当时的情绪也会自动反映出来，似乎不经思考就喷薄而出，根本考虑不到是否伤人伤己。如果缺乏觉察力，类似的情形会一再发生，让我们活得像被编好了程序的机器人。

LAWR KANG
爱伲寨寨门

我们过去的经验让我们形成了一系列固有的信念，这些固有的信念在不被觉察的情况下，决定着我们的情绪反应，这就是所谓的情绪习性，也就是我们说的个性、人格。这不是真我，这是一系列的自动化反应，是防御模式作用下的假我。在假我模式下，人与人之间的关系也不是真的，不过是纠缠，是渴望别人来满足我们内在的需求，是不可靠的。

真正的疗愈，永远是觉醒后的自我疗愈。心理咨询，也是通过自我觉察、自我疗愈来产生效果的。

希望每一个人都开始收回指责的手指和抱怨的话语，反观自照，开始不断喊停，开始自我觉察，这样才有可能自我成长，过节就互相伤害的恶性循环也才有可能消除，进而在家人间建立真实的亲密关系。祝福大家！

心 理 咨 询 师　说 给 你 听 的 故 事

"父亲以为我是在外贪玩,我还未来得及解释,就被不分青红皂白地打了一个耳光,脸上瞬间疼得像火烧似的。至今想起那件事我还很害怕……"

13

17 岁的中学生

蓉蓉,女,17岁,高中学生,来自南方农村,家中姐弟二人,父母健在,家庭经济状态一般。她自幼身体健康,未患过严重疾病,性格内向,怕见生人,特别爱面子,争强好胜。父母对她要求极严,甚至苛求。在她的记忆中,父亲动起怒来特别可怕。

"记得有一次因放学回家晚了，父亲以为我是在外贪玩，我还未来得及解释，就被不分青红皂白地打了一个耳光，脸上瞬间疼得像火烧似的。至今想起那件事我还很害怕。父母很正统、很古板，对我的管束很多，更不准我和男孩子交往。父亲认为女孩子在外蹦蹦跳跳、打打闹闹是不正经的，还容易上坏人的当，所以除了学校和家，我很少在外玩耍，从不和男生交往。上中学时，我见到男女生之间的往来很反感。”

访谈时我观察到，蓉蓉智力发育正常，讲话声音清晰，情绪低落，意识清楚，言语流利，无幻觉、妄想，无智能障碍，自知力完整，有明确的求助要求。从进入咨询室到叙述完毕，她都表现得比较自如，但在谈到与男生交往的事情时，她的情绪明显变得急躁。

蓉蓉着装整洁，与年龄相称，谈话中总是低着头说话，不敢正视人，偶尔抬头看人，便立即躲闪，并表现得局促不安、紧张脸红。她明知这种反应是不必要的，但却不能克制，因此感到十分痛苦，迫切希望治疗。

她进入高中后，害怕与人交流，怕别人注视自己，与人讲话紧张，伴有心慌、脸红、气促，好像全身发抖；自己独处或者与非常熟悉亲密的人(比如母亲)相处的时候,无这些反应。

其表现对社会功能的影响:不敢与不熟悉的人交往,说话时紧张,不敢正视别人的眼睛,上课、学习时注意力不集中,以至影响学习和人际关系,回避社交场合,最终产生了退学的想法。

她自认为自己是个怪人,有个害羞的怪毛病。一年来,她与人讲话不敢直视,眼睛躲闪,像做了亏心事。一说话脸就发烧,低头盯住脚尖,心怦怦跳,浑身起鸡皮疙瘩,好像全身都在发抖。她不愿与班上同学接触,觉得别人讨厌自己,觉得别人眼中的自己是个"很内向、很古怪的人",最怕接触男生。即使在寝室里,只要有男生出现,她就会不知所措,嘴直哆嗦。对老师也害怕,上课时,只有老师背对学生板书时她才不紧张;只要老师面对学生,她就不敢朝黑板方向看,并且常常因为紧张,对老师所讲内容不知所云。糟糕的是,现在,在亲友、邻居面前她说话也"不自然"了。由于这些毛病，她极少去社交场所，很少与人接触。她自己也曾力图克服这个怪毛病，看了不少心理学科普书，按照社交技巧去指导自己，用理智说服自己，用意志控制自己，但作用不大。蓉蓉哭诉道，这个怪毛病严重影响了她各方面的发展：学习成绩下降；同学们说她清高，同学关系不好，交往失败。快毕业了，这样下去怎样适应以后的生活？她急切地说："老师，您快告诉我，我为什么会这样？我该怎样才能克服这些怪毛病？"

辅导员老师和同学都说她性格比较内向，与人相处时不太会表达自己的情感，近来与人交往都不敢抬头，老低着头很紧张的样子，好像在躲避什么，集体活动也不积极参加，基本上没有一个可以互相倾诉的朋友和伙伴。她学习认真，有追求完美的倾向，但是，近一年来学习成绩明显下降。

美国著名精神病学教授戴维西汉先生说，社交恐惧症的发病是因为人体内一种叫"5-羟色胺"的化学物质失调所致。这种物质负责向大脑神经细胞传递信息。这种物质过多或过少都可引起人们的恐惧情绪。

社交恐惧症患者一般自尊心较强，害怕被别人拒绝，或者对自己的外貌没有信心；从外因上看，女孩子家庭教养严厉，从小性格受到压抑，由于在成长过程中受“不准和男孩子交往；女孩子在外蹦蹦跳跳、打打闹闹是不正经的”等错误认知的影响，以至于见到男女生之间的往来就很反感，逐渐发展为不敢和异性交往，进而不敢与人交往，出现内容泛化。

蓉蓉的年龄正处于自我意识与性心理趋于成熟、自我关注非常强烈的时期，特别关注自己在他人特别是异性眼中的形象，也是原因之一。

根据以上的评估和诊断，经双方共同商定，我们确定如下咨询目标：

1.具体目标与近期目标：改变“同男性交往是不正经”的错误观念和认知；缓解求助者的焦虑和抑郁等不良的情绪，解答青春期困惑，克服人际交往的障碍，即克服不敢用

1
新闻对话
Meet the press
向一个成熟的成年人过渡的三年
衡水中学开分校 教育泰罗制能走多远

目光与人交往的障碍，逐步改善人际关系。

2.最终目标与长期目标：协助求助者建立良好的人际沟通模式，学习有效的人际交往技巧，培养求助者独立自理的能力，使其适应学校的集体住宿生活。克服不良个性特征的制约，注重自身有关能力的培养和训练，完善自己的个性，最终养成求助者健康的心理，使其掌握并灵活运用人际交往的原则、方法和正确途径，提高人际交往的能力水平，培养高尚的人格品质。

蓉蓉的心理问题主要表现在其人际交往障碍和学校环境适应不良上。人际关系问题是中学生中最常见的心理问题，是导致各种神经症状的主要因素。人际交往障碍影响了学生的正常学习和生活，是造成求助者一系列问题的主要原因。临床资料的收集结果显示，该求助者智力水平正常，情绪不稳定，性格内向。由于处在青春期这个特殊的生理、心理发育时期，求助者身心变化巨大，一方面十分渴望获得友谊，建立良好的人际关系，另一方面又有很强的自我意识与独立性，加之又是第一次离开家庭，缺乏社会生活经验和自理能力，所有这些，致使求助者的整体心理健康水平低，自我调整能力差，以致形成不正确的认识、观念，难以适应新的人际交往和学校环境较为复杂的关系，导致人际交往障碍。

根据蓉蓉的具体情况，通过与来访者的沟通，在对其进行了心理咨询理论与方法的介绍后，与蓉蓉协商决定：采用认知疗法与行为疗法相结合、门诊咨询与蓉蓉自助的方式开展咨询。

在咨询过程中我为其布置了“大目标小步走”的与人接触、交谈的家庭作业，目的是加深其对障碍产生原因的认识，淡化负性心理痕迹，提高挫折承受力，树立正确的交往观。要求其每天坚持写观察日记，着重观察周围人的举止言行和对自己的态度。

在进行认知疗法咨询的同时，我仍配合使用系统脱敏疗法，首先在门诊教会蓉蓉全身深度放松（渐进性放松），要求其每天做二至三次想象——放松训练，通过放松，使情绪和肌体产生由紧张到松弛的反应，在想象中将想回避又回避不了、最想见又怕见的人（某位男同学或者男老师），依据自己对这些人的恐惧程度，依次从引起轻微恐惧到最恐惧的顺序，突然呈现在自己面前，体察自己的情绪反应和心理反应，通过反复训练，最后达到先在想象中并逐渐扩展到现实行为中的自如地进行人际交往的目的。

通过认知疗法、系统脱敏疗法的进一步帮助与指导，加上蓉蓉的积极配合，经过13次咨询，她的人际关系质量有了显著改善，开始主动建立正常的人际关系，能主动与同学进行交往，原先伴有的心跳、脸红等反应也逐步减轻直至消失。

心 理 咨 询 师　说 给 你 听 的 故 事

告诉孩子：失败是什么。

14 按时回家

学校早就放学了，鹏鹏却没能按时回家，因为他的作业字迹潦草，被老师要求留下重写。一直在家里被万般宠爱的鹏鹏心不甘，情不愿，拖拖拉拉地想逃过老师的惩罚，可是都没有能够如愿。等妈妈来接他时，他终于将平时在家无理取闹的一面彻底展现，竟冲着老师发起脾气来，又是摔椅子，又是扔书包，还口口声声说："明天不来上学了！"妈妈在一旁也无能为力。

老师只是要求鹏鹏将写得不好的字重新写一遍，应该说这样的要求并不过分，然而却超出了鹏鹏所能够承受的范围，于是在众目睽睽之下，他大发脾气。

再来看看他在家中的表现：一次因为妈妈要求他将自己的玩具整理好再吃饭，他竟跑到离家不远的奶奶那里告妈妈的状，说妈妈不让他吃饭，奶奶心疼他，便包办代替，替他整理了玩具。又有一次妈妈因为他犯了错揍了他，他竟直接拨打了110。更严重的一次，因为和父母发生了冲突，他便自行到爷爷奶奶处住了一个星期，并且一星期没有跟父母说过一句话。

鹏鹏以上这些行为的原因，一方面是娇生惯养造成了他的任性而刁蛮；另一方面是他的心理比较脆弱，受不起一点挫折，没有承受挫折的能力。

鹏鹏的家庭教育中存在着几个明显问题：

1.幼儿时期的过度保护。比如孩子走路时跌倒，父母不是鼓励他自己爬起来，而是抱起他又亲又哄；孩子生病了，父母立刻又搂又抱，同时许诺好些不切实际的要求；孩子要什么给什么，宁可自己受苦，也不让孩子受丁点委屈。这些教育方法皆与挫折教育背道而驰，无法增强孩子的耐挫力。

2. 父母、祖父母间教育观念、教育方法不一致。父母望子成龙的心态，让他们对孩子的期望值过高，有时甚至超出了孩子所能承受的范围。而祖父母则是百般溺爱，包办代替，因此大人之间就教育问题产生了矛盾，使得家庭教育不能步调一致。

3. 家庭教育中缺少有意识地对孩子进行挫折教育。

给老师的建议：

第一步：分别找父母及祖父母谈话，让他们认识到由于家庭教育的问题导致孩子心理偏差、行为异常，今后有可能造成更为严重的后果。

第二步：父母、祖父母之间达成共识，采取一致的教育措施，父母应因势利导，严格要求和鼓励宽容相结合；祖父母应积极配合父母的教育，决不可“唱反调”。

在生活中，在一点一滴的小事里，父母应该如何培养孩子的心理抗挫能力呢？给他们如下建议：

1．给孩子面对挫折的机会。如果永远将孩子置于羽翼之下，帮他抵挡伤害与失败，那他就永远学不会在打击到来时如何去承受。大一点的孩子有时会拒绝尝试新的或他们认为困难的事情。如果在最初为他确定的目标是“试一试”，而不是“成功”，孩子就会比较容易接受。

2．训练孩子和自己保持良好的心态。孩子的抗挫力有多强，很多时候直接取决于父母对待挫折的态度。

3．“我会和你在一起”，孩子的抗挫力来源于他的自信心与成就感。孩子最大的成就感来自父母对他的重视，也就是通常所说的“看见”。

4．发现孩子的闪光点。每个孩子都不可能完美无缺，但也不会是一无是处。要努力发现孩子擅长的事物，并给予其鼓励，使孩子在某一领域有充分的自信，这样能帮助孩子更好地面对来自其他方面的挫败。

5.告诉孩子:失败是什么。要和孩子一起分析失败,让孩子看到,导致失败的原因或许是自己可以改变的;如果不能改变,那么就是需要接纳的。

6.表扬孩子:孩子,你很努力。对于孩子来说,以正确的态度面对成功与正视失败同样重要。在孩子成功时,表扬孩子“你很努力”而不是“你最能干”,让孩子明白:成功不仅仅是做好一件事情,更重要的是一种人生体验。

此案中咨询师、老师、父母经过半个学期的共同努力,鹏鹏的各方面表现都有了明显的不同。他很少来向老师抱怨其他同学了,变得开朗活泼,愿意与同学交朋友了。在家里,他也很少和父母发生冲突了。当老师批评他时,他也不会用敌对的眼神来看老师了,反而能够比较心平气和地谈自己的想法。学习成绩也有了明显的提高,学期结束的时候,还被同学们评为进步最大的学生。他母亲感慨地对老师说,感谢学校老师对父母在家庭教育中的悉心指导,让父母懂得了如何去培养孩子的抗挫能力,让孩子学会了正确地对待问题。

中央电视台《今日说法》栏目曾讲述了这样一则案例：山东某县一名年仅8岁的小姑娘，因被邻居怀疑偷钱而喝农药自杀。由此联想到近年见诸报端的类似事例，比如某个孩子因为家人不让看电视而跳楼，某小学生因被老师责骂愤而自杀，某男生因母亲管教严厉而杀母，等等。

近年来，不同年龄阶段学生的自杀事件层出不穷。一项调查显示，学生中存在心理健康问题的人不在少数。很多人在面临挫折和困难时，不知该如何解决，也不向父母、老师求助，有时会产生厌世、轻生的念头。

独生子女们大都是在万千宠爱中长大的，任性、脆弱、自我、依赖性强、独立性差等问题随处可见。生活是现实的，我们的孩子总有一天要离开成人的“保护伞”独立走向社会。一个人在社会上会遇到很多挫折，这些挫折不光是身体上的，更多的是精神上的。试想，一个任性、脆弱、自我，依赖性强、独立性差的人，如何在社会上立足，如何在社会上生存？研究表明，幼年时期的教育对一个人的影响非常深远。如果我们在孩子的成长过程中有意识地减少过度保护，不要刻意去隐瞒或掩盖现实生活中的挫折和困难，让孩子正确面对眼前的挫折和困难，从小锻炼抗挫折的能力，这样才能提高孩子的心理健康水平。

陶行知先生曾经指出：生活即教育。这就指引我们应该从生活入手，对孩子开展挫折教育，利用现实生活中的某种情景，提出疑问，让孩子正确面对，并通过动脑、动手来解决矛盾，克服困难，从而使他们逐步形成对困难的承受能力和对环境的适应能力，培养出一种迎难而上的坚强意志。

生活就是由大大小小的挫折编织而成的，每承受和超越一个挫折，同时会滋生出一份成就和喜悦。因此，从生活入手对孩子进行挫折教育，有利于增强他们独立面对问题、解决问题的能力，有利于增强孩子的自信心，有利于锻炼他们的心理承受能力和心理平衡能力。

心 理 咨 询 师　说 给 你 听 的 故 事

两个家庭所反映出的问题虽然不同，却都与父子关系密切相关。

15

两个完全不同的个案

近来连着做了两个个案，有意思的是两个家庭所反映出的问题虽然不同，却都与父子关系密切相关。

第一个家庭是因为11岁男孩子的反常行为来访。原本听话懂事的小男孩忽然变成了捣蛋大王，上课敲桌子，和老师顶嘴；在家动辄情绪激动，大喊大叫。无论父亲如何晓之以理、动之以情，都不能让他有丝毫的改变。头痛不已的父亲只好来找我们想办法，希望能管教一下这个顽劣的孩子。

第二个家庭的问题是17岁的男孩网络成瘾逾10年，

近来变本加厉，索性吃住在网吧，并与父亲展开“游击战”，让身为硕士生导师的父亲不得不发动学生及亲朋好友进行全市大搜索，颜面尽失。

男孩子与父亲之间的大战，往往在青春期前后达到高峰。这场战争如果处理不好，最后没有赢家。

按照艾里克森的人格发展理论，12岁到20岁的孩子，通过前面几个发展阶段的学习，已经知道了他们是什么，可能做什么，了解了自己所承担的不同角色。这一阶段是对前阶段的各种“材料”加以综合的过程。

在这一阶段，青少年必须综合自己和社会的各种信息，最后确定自己的生活策略。艾里克森对这一阶段的描述最具有特色。这一阶段没有得到发展的人将会出现“同一性危机”。同一性是对自我身份确定的自我意识，用艾里克森的话说，是“一种知道自己去什么地方的感觉”。

艾里克森指出：“成长中的青少年，面对内部生理发育的飞速变化及摆在他们前面的成年人的任务，此时他们主要是在将自己在别人面前的形象与他们对自我的感受进行比较，在思考如何将早期培养起来的技能与这个时候的典型职业联系起来……目前这个阶段发生于自我同一性中的角色整合比整个童年期中身份感的总和还要多。利用力比多*能量，由天资发展出的才能和社会角色所提供的机会去整合所有的身份感是这一时期的自我能力。这种自我同一性的感受也是一种不断增强的自信心，一种在过去的经验中形成的内在持续性和同一感。”

如果这个阶段不能获得同一性，那么这个人就会产生“角色混乱”或消极的自我意向。如果这个阶段青少年获得了积极的同一性，那么他们就会形成忠诚的品格。艾里克森把忠诚定义为“不顾价值系统中不可避免的矛盾，仍然忠于发自内心的誓言的能力”。从这个时候开始，生活就是扮演同一性的过程。一个人已经知道自己是一个什么样的人，那么他会把自己的角色一直扮演下去。

调查显示，现代家庭教育中，教育者与被教育者的角色地位发生了变化，上一代对下一代的"单向传递式教育"在减弱，两代人之间的"双向互动式教育"在增强，儿童与青少年的独立人格越来越受到重视。在家庭教育中，亲子之间直接的情感表达越来越被认同，父母对子女的控制在减少。

青春期子女与父母对家庭教育的评价缺少一致性，家庭中的"父亲"普遍缺位，尤其是有男孩的家庭。青春期的孩子普遍觉得父亲较为"冷漠"，认为父亲主要是"放任型"养育，对自己缺乏必要的保护，在家庭教育中常常"缺位"。父亲是男孩子性别整合的直接榜样，如果父亲缺位，青春期男孩子此时将遭遇更多的困惑。而孩子对父亲的不满，也会迁怒到母亲身上。

12岁至18岁子女正处在青春期阶段，相对的，对成人的控制更为"逆反"，这无形中增加了其对成人教育负面性的评价。专家分析，这与父母过度要求学龄期孩子"成功"有关。父母对孩子学习成绩过于关注，可能就会忽略孩

子在情感等方面的需求,这增加了孩子对父母的不满。此外,调查还发现,“70后”的年轻父母对孩子的学历期望值偏高,早期儿童家庭教育中学习比重过大,年轻父母普遍存在较高的育儿焦虑。

出现这样的状况还与中西方对父亲角色的定位不同有关。苏格拉底是西方道德哲学的开山者,他所开启的是一个理性的、普遍主义的伦理传统。在此传统中,“父亲”的特殊性理应让位于作为一个“人”的普遍性,血缘及与此相关的血缘情感并没有特殊的伦理意义。与苏格拉底不同乃至相反,“父亲”这一角色在孔子思想中具有异乎寻常的意义。“父亲就是父亲”,这一判断不仅是血缘的,而且是伦理的。你不能够在伦理世界中把“父亲”还原为一般的“人”,因为“父亲”代表着较之“人”更多的东西,这些东西将影响和规定我们的伦理选择。

男孩少年时期往往对父亲充满敬畏,青春期的叛逆则会让男孩把父亲当成敌人,而成人后强大了的男孩又会发现父亲身上软弱的部分，这时的他既高兴自己超越了父亲，又同情老去的父亲。

对儿子太严，会使父子间平添对抗；太平易，父亲又成不了孩子的楷模。虽然父亲和儿子之间的关系有时很微妙，但父亲对儿子性格中阳刚气的养成具有无比重要的作用。长期生活在女性群中的男孩，其性格特点和心理状态很容易出现偏差，例如易担惊受怕、烦躁不安、精神抑郁、多愁善感，久而久之，男孩子的性格会变得女性化。

父亲参与家庭教育带来的好处不言而喻。如今越来越多的年轻父亲很乐意地当起了“奶爸”，陪伴孩子。父母共同的影响能够帮助孩子形成健全的心理。

做父母的应多了解青春期的基本规律，以便理解和接受孩子的变化，不至于在面对问题时，教育方式过于简单和粗暴。孩子有发表意见和观点的权利，家长应用“心”倾听孩子，使孩子产生被“接纳”的感觉，这样孩子才能主动跟你分享他的情感和思想。家长在倾听孩子的同时，鼓励、引导孩子提高认识，达到教育的目的。

融洽的亲子关系，是需要时间去培养的，尤其是亲子关系已经出现裂痕的时候，在家长努力改变的同时，还特别需要给自己时间、给孩子时间，以恢复家庭系统中爱的流淌与接收的通道。

最爱孩子的莫过于父母，最温馨的教育环境莫过于家庭。既然与成人关系的调整与重塑是青春期的“必修课”，我们与其一味埋怨孩子的“逆反”与“不羁”，不如欣然面

对。而且，在家庭教育方面，家长总是比孩子具有更大的主动性和责任。做学习型父母，比做自然型父母，来得更有意义！

注：* 号处“力比多”泛指一切身体器官的快感，包括性别认同障碍者和儿童的性生活。精神分析学认为，力比多是一种本能，是一种力量，是人的心理现象发生的驱动力。（来自百度百科）

心 理 咨 询 师　说 给 你 听 的 故 事

这位妈妈的第一个情绪来源是自己已经累了，并且没有和孩子说明自己的感受。

16

一位妈妈私信我

一位妈妈私信我："周六下午带孩子上完课就四点了。回家路上，女儿说跳拉丁舞穿的袜子坏掉了，我答应过两天去买，她要求我回到家立刻就去买。我有点累了，也烦她要东西总是不能等，总是希望自己的要求即刻满足，就没好气地没答应她的要求。平时心情好的时候，我可能会和风细雨地给她讲道理，告诉她不能马上买的缘由。那天我一听她提要求，当时就火大，跟她说话就嗓门高了，教训了她几句。回到家她还不高兴，饭都端上桌了还在磨磨蹭蹭地换衣服，还说要把饭打包,等会儿在去上课的路上吃。我忍不住火冒三丈地开始吼她。女儿刚开始不出声,后来冷不丁冒出一句,你这样大声喊,你的女儿耳朵会聋的!我被气得口不择言了,说,你再敢顶嘴,看我怎么收拾你!她一下就再不说话了。因为前两天也是因为顶嘴我打她了。虽说最终还是以她不说话结束了争执,但我明显感到了她的敌意,我也觉得很沮丧,平时自己时刻在修炼、觉察自己,怎么现在一遇到事就又回到过去了?”

第一,这位妈妈的第一个情绪来源是自己已经累了,并且没有和孩子说明自己的感受。如果妈妈说,宝贝,妈妈今天有点累了……或许孩子就能体谅妈妈,不会要求妈妈立刻去买了。妈妈希望孩子自己能够感受到妈妈累了,心疼妈妈,却不说出来,让孩子去猜,这本身就是不合理的。

第二,妈妈有一个预先的假设,即立刻满足孩子的需求是不对的,会把孩子惯坏。可是妈妈没有考虑到孩子本身的性格特点。妈妈学过九型人格,也知道女儿是三号目标型,但在情绪波动的状态下，没有顾及孩子性格中希望快速达到目标的需求。而孩子在被妈妈没好气地拒绝时，需求没有得到满足，也有了不好的情绪。

第三，因为妈妈的强势，孩子的负面情绪没有被关注到，所以孩子开始抗拒，用磨蹭地换衣服、不好好吃饭等她自己能够控制的事情来被动攻击妈妈。妈妈果然怒火冲天，开始控制不了自己的情绪，吼孩子，这已经和原来的买袜子的事没关系了，纯粹成了情绪的宣泄。

第四，孩子开始顶嘴。她说，你这样大声喊，你的女儿耳朵会聋的！这是孩子在试图表达自己的感受，其实言语上没有多大的攻击性，可是被情绪控制的妈妈完全听不到、看不到孩子言语背后的感受，开始威胁孩子，并且成功地让孩子闭了嘴。

到此，看起来是妈妈赢了，可是妈妈还是很沮丧。因为学习过九型人格的她知道，自己又掉进模式的坑里了。

我们需要对顶嘴有一个界定。什么算是顶嘴?什么算是孩子正当的表达?有人说,看看是有道理的还是无理取闹。这的确是一个区分的方法。此外,还可以观察我们内在的反应,看看自己是不是因为固有的信念而导致自己根本不允许孩子有正当表达。比如,很多父母就算错了也要坚持错到底,把维护自己的权威和面子看得大过尊重孩子的感受,那么大一些的、有分辨能力的孩子当然要据理力争,这样看起来,孩子的争辩就是通常所说的顶嘴了。因此,看到自己的感受是很重要的。

很多父母身上有情绪按钮,孩子的行为总是能够按动这些按钮,让父母们情绪失控。当我们的情绪失控时,智商会下降,接下来说的话、做的事都会是自动化、无觉知的了,也就是我说的,掉进模式的坑里了。觉知,就是活在当下,知道自己情绪的起落。唯有保持觉知,才能对自己的情绪有所了解,并且及时喊停,这样才有机会调整好自己之后再去处理事情。

还是那句话，唯有自己自由了，才能允许他人自由，哪怕她是你的孩子，她也首先是她自己。祝福各位！

心 理 咨 询 师　说 给 你 听 的 故 事

和这样的家长谈话真的是很辛苦的一件事，无论你怎么问，她都在和你兜圈子……

17 上午九点，咨询正式开始

最近比较忙碌，讲课之余做了四个个案，几乎是无缝衔接，真的很辛苦。

印象比较深刻的是一对母女。约好了某日的上午九点见面，可是八点不到我就接到了接待员的电话，说这对母女已经到了。她们这样做非常不符合我们心理咨询的规则，由此可以看出来她们的急切。

九点，咨询正式开始。妈妈说是因为孩子的数学成绩极差来寻求帮助，于是我把目光转向孩子。那是一个十五六岁的女孩，穿着非常朴素，但是脸型看上去有些先天性智障，眼神游离，几乎不能正视我的目光，躲躲闪闪中不时还有些自言自语，而且每每回答我的问题前都需要努力地思考。我对孩子的智商产生了怀疑，于是安排助手为她测试。

我继续和妈妈沟通。她说孩子从小就学习不好，小学就常常不及格，请了家教也没有什么明显的效果。孩子的爸爸主张用暴力解决问题，经常因为学习打骂孩子。这个孩子还有两个弟弟，学习成绩都比她要好很多。我问妈妈，你觉得孩子是不努力还是听不懂？妈妈很有意思，她不正面回答，却说这个孩子很是固执，不论是老师教的还是家里人说的她都不听，总是按照她自己的方法去做，却总是错的。我继续追问，那你认为她是不是因为完全不能领悟你们的意思所以才做错的？妈妈又开始打太极，说孩子其实是很听话的，就是学习上不操心。

和这样的家长谈话真的是很辛苦的一件事，无论你怎么问，她都在和你兜圈子，怎么都可以兜回到孩子的学习成绩如何才可以提高这个貌似关键的问题上。但是我们心知肚明，学习问题不是重点，重点是一家人怎么可以把这个精疲力竭的女孩从所谓“学习”的苦海中解救出来，给她应有的关怀和爱护。

孩子的测试结果出来了，生理年龄十五六岁的她只有八岁的智商。当一个孩子有生理上的疾病的时候，我们常常会格外地关心他，但是却往往不能接受孩子心理尤其是智力方面的疾患。因为在中国，有心理疾患似乎更关乎面子，似乎是丢人的事。这样的结果出来，妈妈却没有很意外的表现。我想，她一定是去很多家机构咨询过了，来我这里不过是因为不死心，寻求又一次的验证罢了。一问，果然如此。我只能建议妈妈给孩子换一家训练机构去接受相关训练，可是她却在这时候忽然爆发：“不可能！孩子的爸爸绝对不会同意的！”

家庭的问题就是这样奇妙，本来这个妈妈是因为孩子的学习问题前来咨询，却因为夫妻关系问题忽然泣不成声。

我安排了助手带孩子去活动区玩，留下妈妈单独交流。原来，孩子的问题早有定论，夫妻之间的矛盾才是问题的根本：妈妈为了证明不是自己的过错而带着孩子四处求证，爸爸犹如困兽，因为不能接受自己有一个智力低下的孩子而变得狂暴急躁……孩子固然需要通过训练恢复大脑的机能，父母亲却不知道怎么找回原有的家庭温暖。有多少家庭陷入这样的困境而不自知啊。结果无辜的孩子变成了家庭矛盾中的替罪羊。孩子的问题是一个信号，提醒我们看回自己的内心，看回问题的本质。

上午九点，咨询正式开始

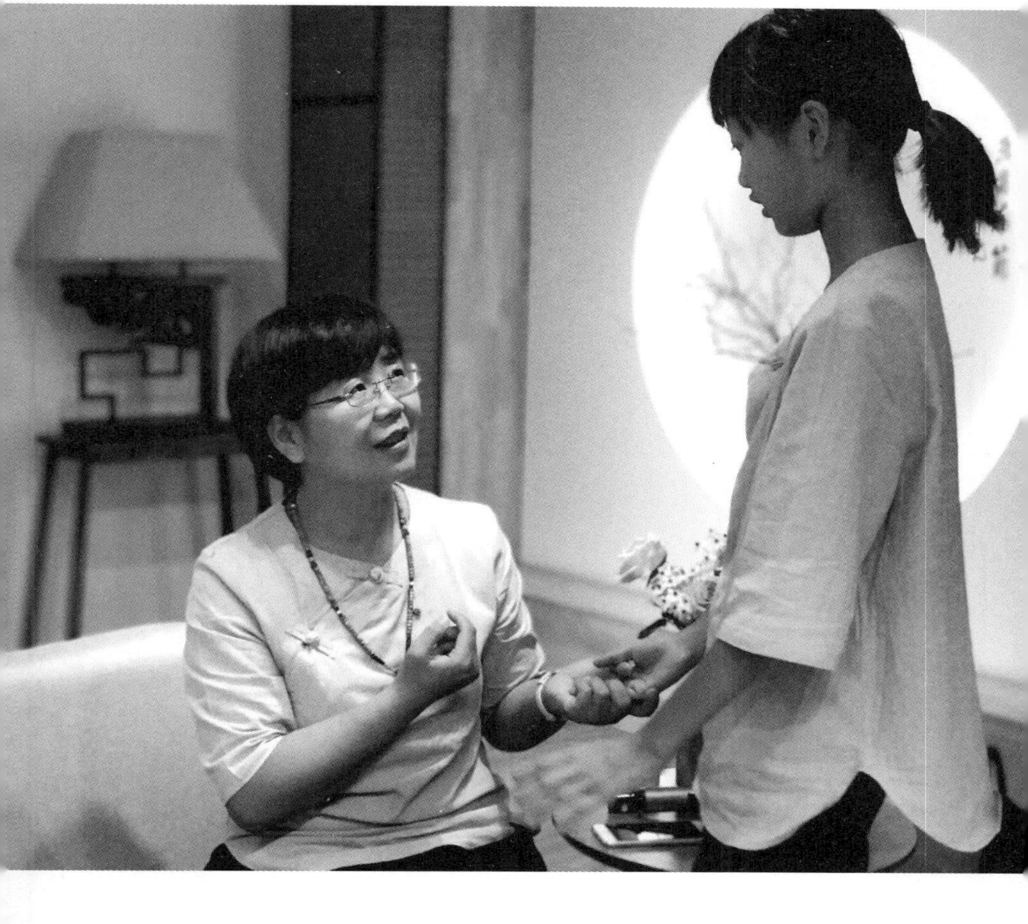

心 理 咨 询 师　说 给 你 听 的 故 事

孩子第一次插话是在我们回馈作业的时候。上一次的作业是“你想要什么样的生活”。小女孩忽然说：“我要和妈妈在一起的生活。”

18

你好，我来帮助你

最近一直在为一家小型的私企做员工帮助计划（就是传说中的EAP）中的团体辅导部分。那天是第四次。主题是“我的五样”，旨在澄清大家的价值观，并帮助大家学会内省。

我到了团体辅导室之后才发现，团体成员中多了一个小小的身影——一个5岁的小女孩，因为家里没有人看护而“寄放”在这里的，团体成员中没有她的家人。团体成员问我是否在意她留在现场，我说，重要的是你们是否在意啊。这里要强调一点，团体心理辅导中，咨询师虽然被称为领导者，但充其量也就是一个导演，主要是利用自己的知识和技巧使团体成员发挥他们自己的能力，实现他们自己的个人目标。所以，成员才是主体。

大家举手表决了一下，同意小女孩留下来，辅导仍然按原方案进行。我们开始以后，小女孩自己拿了画笔和纸在另外的桌子上画画。一直很安静。

孩子第一次插话是在我们回馈作业的时候。上一次的作业是“你想要什么样的生活”。小女孩忽然说：“我要和妈妈在一起的生活。”大家听了都觉得有趣，纷纷去对她的答案表示回应。我也忽然开悟：干吗不让她也加入进来呢？于是我们邀请了她，小家伙欣然同意了。

接下来的活动因为有了小家伙的参与而变得生动起来，每一个问题的分享到了她那儿总有大人们想不到的答案，而这意想不到的回答又会带给大家深深的触动，原来孩子眼里看到的世界和我们成人是如此的不同。我们讨论：生命中最重要的人是谁？大家答案各异，不外乎父母亲、孩子、爱人等。孩子说：是我自己。（大家对视：现在的孩子这么以自我为中心？）我继续问：为什么？她说：没有了我，我的爸爸妈妈会疯掉！（原来如此！）

写下“我的五样”时，她不会写字，绘画表示：妈妈、爷爷、爸爸、老师1、老师2，然后悄悄拿给我看。我问：怎么没有自己？她说：忘啦！我说，你不是说自己最重要的吗？她说，画的时候就把自己忘了，现在觉得不能改了，这五个人都很重要的。我说，不需要改了。

活动继续做下去，孩子的舍弃顺序令人吃惊：首先是老师2，然后是爷爷、接着是爸爸、妈妈，最后剩下的是老师1。问她为什么，她的回答是：我最喜欢老师，要做老师那样的人。在画面中，这位老师也是所占比例最大、服饰最复杂、面容最美丽的，可以看出孩子花了很大的心思。大家安静了，静得一点声音都没有。无论我们每个人在舍弃的过程中，心中是怎样的波澜起伏，此时此刻，大家被一个5岁小

女孩的话所震撼。很快，我看到有人眼中漾起了泪花，久久，久久……

我不知道这个孩子会不会在长大后偶尔回忆起这件事，也不知道这样的活动能够在她小小的心灵当中留下一点什么样的影响，更不知道当她成人后，她的“五样”会发生怎样惊天动地的变化……我们大家都知道的是，我们虽然抗不过命运的安排，却能够在身边的人心目中留下自己的影子。比如这个孩子的老师，她给孩子带来的深远影响一定不是她的学识和外貌，是真正的爱。

接下来的分享中，很快有人谈到了女孩子带给自己的思考。一个是，我最重要，要善待自己；另一个是，没有想到，在这么小的孩子心目中，就有价值观的雏形。这个孩子实实在在给大家上了一课，大家都禁不住开始思考在和孩子互动的过程中，如何爱孩子，如何以身示范了。看着大家陷入了沉思，我知道，这次的团体辅导，大家都有收获了。

心 理 咨 询 师 说 给 你 听 的 故 事

现在做的，和我想要的，有关系吗？

19

我的初衷是什么

下班早了些，自觉今天的天气适合多走走，我就提前下了车，到了家附近的一个市民公园。这个公园不太大，却四通八达。公园附近有好几家中小学校，我去的时候，恰逢小学低年级孩子放学，好多家长带孩子穿过公园回家，顺便陪孩子玩玩。这真是极好的选择啊，这个季节的太原，花红柳绿，樱花，杏花，梨花，海棠花……都开了，草地毛茸茸的，空气中弥漫着各种花香，风也格外柔和，吹面不寒。我一面散步，一面不时掏出手机来进行"摄影创作"，把大自然的美景收入取景框，心里还不时念叨着，今天是“儿童散学归来早”，为啥没看到他们“忙趁东风放纸鸢”？

正悠闲地走着，忽然听到前面不远处传来呵斥声：出来！今天没有时间玩健身器材！我紧赶几步上前，看到一位妈妈正在对着已经跑到健身器材那里的小男孩大吼。有趣的是，妈妈吼她的，宝宝玩自己的，互相之间并无互动。这位妈妈吼完，对身边一位牵着小女孩的，看起来貌似自己孩子同学的家长说，唉，男孩子就是不如女孩子听话啊！看你家的多乖！女孩的妈妈赶忙谦虚地说，我家的也不听话，这不是拽的不撒手？要不早跑了……两位妈妈站在路旁聊起天来，小男孩继续在健身器材上爬上爬下，小女孩有点羡慕地望着，用脚搓着地面。

我很好奇，想看看这一切将如何结束，就站在不远的地方观察。看起来两位妈妈很熟，她们很快从孩子聊到学校、学习、作业；然后又聊到老公、婆婆、菜市场的菜，紧接着又聊头发、美容，以及另外一个人的八卦……转眼，过去了快半小时……

小女孩慢慢脱离了妈妈的掌控，也跑到了健身器材那里。两个妈妈边聊边不时喊孩子两声，不让这个不让那个的，然后并不管孩子是否听见了，就继续聊自己的了。

不知道是什么时候醒悟过来的，总之那个男孩的妈妈忽然发现时间过了好久了。两个妈妈身手矫健，冲到健身器材那里去捉孩子。孩子们玩起来极其投入，当然不愿意立刻就走，肯定免不了一场“恶战”。最终，两个孩子都哭哭啼啼地被捉走了，边走，妈妈们还边训话，玩也玩了，还哭？再哭，明天不让你玩了！哭声，训斥声，渐行渐远……

我在想，这两位妈妈的初心是什么呢？如果不是为了让孩子在公园里开心地玩一会儿再回家，她们完全可以选择另外一条道路回家的，或许还不像公园的道路弯弯曲曲，平白多绕好些路。如果初心是想让孩子开心的，那么最后的结局怎么会是这样的呢？看样子，这样的互动已然是一种模式了，比如一开始时小男孩的充耳不闻，比如后来小女孩的偷

偷溜开，似乎都是一种默许。不过，这一切的前提是，妈妈们自觉时间还早，并且自己也需要社交，需要聊天。一旦妈妈们自己的社交活动结束了，孩子们的活动就必须立刻结束，马上回家。小孩子在惯性下没有那么强的自制力，一场战争就会立刻爆发，并且通常都是以孩子们的完败结束。这就是我们的初衷？显然不是。

不忘初心，方得始终。不论是教育孩子，还是做其他什么事，我们都需要停下来问问自己，当初，我的初衷是什么？现在做的，和我想要的，有关系吗？带着觉知，知道自己在彼时彼地做了什么，可能会让我们的生活有一点不一样的改变吧。

做母亲的自在了，才能够给孩子更大的空间，才能活出生命的无限可能。

20

成为“好妈妈”

先从我的一个个案说起。一位全职妈妈看到了我写的文章，并且通过网络找到了我，约了咨询个案。初次见面，我感觉她是一名很干练的女性，穿着得体大方，微微化了淡妆。询问了基本情况后得知，她有研究生学历，生孩子前是做管理工作的。难怪自带光环！来做咨询，她的主要困惑是，自从有了孩子，她就回到家里做全职妈妈，转眼三年过去了，孩子上了幼儿园，她自己却越来越痛苦，找不到自我了，觉得自己很努力地在做一个好妈妈，可是孩子的问题也一直层出不穷，很没有成就感，总是觉得挫败，甚至都有些抑郁了。

我问她，不做好妈妈可以吗？她不假思索，立刻回应，那怎么行？我目前唯一的职责就是带好孩子，怎么可以不做好妈妈？我问她，好妈妈的标准是什么？结果把她问哭了。她说，原本以为尊重孩子，让孩子做自己，是好妈妈，可是老公在家的时候，每每听到孩子的哭闹声就会不管三七二十一地指责她，这让她对自己产生了怀疑，难道我不是好妈妈？要让孩子不哭我才是好妈妈吗？于是就改变了方法，时时处处限制孩子，说应该这样不应该那样。结果孩子的毛病是越挑越多，现在感觉怎么样都不对了，觉得孩子浑身是毛病。婆婆又说她管得太紧，孩子没了应有的天真活泼，让她放松些。左也不是右也不是，按照书上的理论，别人说教条；跟着自己的感觉，别人又说散漫。在彻底不知道怎么带孩子的同时，她悲哀地发现她把自己也丢了。

我的一个微信花蜜群有位妈妈分享："学会做个好妈妈

真的是老天给我的一次自我向内看的、成长探索的机会。看到之前发的看电影的案例，又一次觉得妈妈这个看似最自然的职业，想做好，要学习，要修行，不是一朝一夕就能做到'和善而坚定'的。早上送孩子上幼儿园，因为她前阵子咳嗽大概半个月没去幼儿园，所以早上从穿衣服就开始哭，然后大声叫奶奶，因为奶奶一来，就会帮她说话，就会跟我说：孩子哭得又咳嗽了，不想去就不去了。今天早上，我让奶奶先出去，自己抱着她陪伴她哭了20分钟，没有冲她喊叫，也没有拿巧克力作为去幼儿园的交换。我告诉她：今天是周一，妈妈去上班，你要上幼儿园，这个是肯定的，你想哭的话，就哭吧，妈妈陪着你。她哭完以后穿衣服，洗脸，出门，到了幼儿园门口又哭了一鼻子，最后是被老师强行抱进去的。我知道我还有很长的路要走，只是坚定了，没有和善，而且还是没有让她说出来为什么不去幼儿园，所以内心现在有很强的挫败感。”

在我看来，这位妈妈已经做得很好了，可是她内心还是满满的挫败感。其实，做个好妈妈本身，就是个伪命题。心理咨询师并不建议一个女人成为妈妈以后就一定要成为好妈妈，通常更多的是希望妈妈自己成长，先找到自我，找到边界，成为一个健康成熟的妈妈。做母亲的自在了，才能够给孩子更大的空间，才能活出生命的无限可能。

成为"好妈妈"这个概念，有些类似佛家讲的"知见障"。现在的许多父母，有学习的心，这是很好的，对孩子的成长也确实会很有助益。可是，在学习的过程中，他们往往会被自己所学、所见、所听闻的"好爸爸""好妈妈"的形象框住，仿佛必须做到某个标准，达成某种条件，表现出某些样子，才是一个"好"的家长"应该"的样子。那么，问题来了，既然每一个人都不同，每一个家庭的互动模式也不同，每一个孩子各有各的特点，每一个父母也各有各的性格，怎么可能存在一个固有的"应该"或者"标准"的样子呢？

当你试图向你学习过的案例中那个"好妈妈"靠近的时候，你不但不会变成好妈妈，甚至会让孩子觉得你变得怪怪的，仿佛陌生人。试想一下，一个每天笃信"打是亲骂是爱"并身体力行的妈妈，学习了赏识教育之后回家抱着孩子一通夸奖，又亲又抱，孩子一下子如何接受得了？孩子的内心一定是充满迷惑的。

我们当然要学习，可是我们要学习的不是简单的行为，不是"好妈妈"应该怎么做。我们要学习的是如何向内探索自己的模式，深挖自己的内心，看一看，驱动你的是爱，还是嫉妒、恐惧、控制，或者其他什么。若要给"好妈妈"定个标准的话，也一定是因爱而行，以"爱语"离"恶口"。我们要学习的始终是觉察内心的驱动，对自己诚实，然后撒手让爱接管，接下来的行为会自然而然地出现，而非你刻意地学习一些做法。成年人都能感知其他人是一片真心还是逢场作戏，小朋友们在这一方面更是敏感。愿各位妈妈们能成为"真实的妈妈"，那样，你就一定是你孩子心中的"好妈妈"。

心 理 咨 询 师　说 给 你 听 的 故 事

三字经里有:“子不教,父之过。”《墨子》里有:“染于苍则苍,染于黄则黄。”

21

家长的“持证上岗”

在 2017 年全国“两会”期间,全国政协委员曹德旺提出了制定《家长教育法》的建议,这其中的一条就是,家长要经过培训“持证上岗”。他还表示,家长提前接受专业化的培训并达标,要变得如同婚前检查一样自然。

作为“两会”的一个热点话题,太原电视台《新闻对话》栏目邀请我去谈谈自己的看法,我的观点是,赞成。

网络调查结果显示,目前有 63%的人认为,父母应该培训后持证上岗,但是也有 37%的人反对这种职业式的做法。

作为一名教师以及心理咨询师，在日常工作生活中，我和孩子们的接触非常多。我发现对于孩子们各个阶段所出现的各种问题，父母们经常表现出“三无”状态：在新生命到来时无知；在孩子的成长过程中没有科学有效的方法，无法；等孩子出现叛逆等各种问题的时候，无奈。（语出中国家长教育研究所所长齐大辉教授）

其实我们国家自古以来就是一个很重视教育的国度。三字经里有：“子不教，父之过。”《墨子》里有：“染于苍则苍，染于黄则黄。”《礼记·大学》：“古之欲明明德于天下者，先治其国；欲治其国者，先齐其家；欲齐其家者，先修其身；欲修其身者，先正其心；欲正其心者，先诚其意；欲诚其意者，先致其知；致知在格物。”

可是在实际上，很多父母又不重视孩子的教育，只生不养，更谈不上教了。我在很多中小学给家长做关于家庭教育的讲座，经常是台下一片白发苍苍，来的几乎都是爷爷奶奶外公外婆。一问，都说当父母的都忙着工作，忙着赚钱，孩子基本丢给爷爷奶奶、外公外婆来管。留守儿童，隔代教育，都是当今家庭教育中的大问题。

很多初为人父母者，还带着自己从原生家庭中所受到的伤害，自身还没有被看到，被疗愈。面对全新的生命，他们手足无措，要么完全沿用自己父母的教育方式，要么反其道而行之，从一个极端走向另一个极端。孩子，成了我们的实验品。生命只有一次，是否生孩子是父母的主动选择，学习如何做合格的父母亲，是为自己的选择负责任的一种做法。

反对这个提案的人们，其实也并不是不知道家庭教育的重要性以及家庭教育的现状，只是担心即使立法也有可能会流于形式，或者立法时难以有恰当的标准，甚至会影响到生育权等相关法律条款。我觉得这是操作层面或者制定相关政策时要考虑到的问题，仅就我自己的专业层面来说，我觉得如果能够让为人父母者主动或被动走进家长培训的课堂，就是一大进步。

太多的父母亲属于自然型父母，孩子出世，自然到了父母的位置，其实根本没有想过这意味着什么，而且，无知者无畏。网络上这样的案例不胜枚举，点开社会新闻，儿童无人看管坠楼受伤、被困车中脱水死亡、与父母同睡却被被子捂鼻窒息而死……家长看护不当致使孩子发生意外的新闻频频出现。据相关统计，国内每年有近1000万名孩子受到意外伤害，其中重伤及残疾者超过100万，死亡儿童多达10万，平均每天死亡270余名。

没有人天生就会做父母，孩子的成长过程其实是孩子和家长一起成长的过程，父母同样需要接受教育，并努力学习怎样做合格的家长。

这种为父母提供科学、系统的育儿知识，增强父母教育子女的技巧和能力的培训，叫作亲职教育。美国联邦政府在1965年的《初等和中等教育法》中就规定：实施包含早期教育、成人教育和家长教育在内的各阶段教育。

孩子生命中的关键期并不多。如果曹德旺这个提案能够促进父母们在百忙之中拿出时间来，走进课堂学习，进而高质量地陪伴孩子，同时也能够引起全社会的重视、配合，比如父母工作单位的支持、福利待遇的落实，那么就可以让家庭教育、亲职教育扩大影响，落在实处，造福更多孩子、更多家庭。这才是这个提案真正的价值所在吧！

家长持证上岗，不是考一次试或者有一张证书就够了。亲职教育是一个长期的教育过程，家长学什么，谁来教家长，“家长教师”应该具备怎样的资格，如何评估家长教育的成效，如何改进，需要一系列的立法、教育和社会配套来加以支撑。具体如下表。

子女在不同发展阶段的教养需求

婴幼儿期⊖	学龄前期	就学期	青少年期	成人初期
1.身体养护需求：饮食、穿着、洗澡、受保护以免受伤等。 2.情感依恋。 3. 发展安全感与信任感。 4. 开始学着掌控自己的情感需求，能听从父母。	1.需要受关照。 2.学会情绪发泄。 3.发展良好的性别认同。 4.身体的健康发育和识别。 5. 发展基本能力，尤其是语言。	1.平衡家庭与学校中所获得的信息。 2.建立自身努力的目标。 3.获得成就感（学习、运动与社会等各方面）。 4.发展特殊才能与技巧。 5.提高自尊心。	1. 对性的正确认识。 2. 试图从父母与权威人物中获得自我。 3. 建立自己的价值观。 4. 达成教育与生涯目标。	1.独立的需求。 2.能以朋友方式与子女分享其智慧与经验，不将自己的观念强加给子女。 3. 做好子女的榜样，获得亲密、满足感，协调工作与家庭的关系。

心 理 咨 询 师　说 给 你 听 的 故 事

经过20次左右的咨询，孩子的情绪越来越稳定，每一次考试的发挥也越来越好。

22

当中考、高考如期而至

每年春天，即将参加中考、高考的孩子和他们的父母如热锅上的蚂蚁，焦虑无比。一个妈妈找到我，要给孩子做咨询，说孩子目前不肯学习，状态极差。我告诉她我可以预约的时间，她说这些时间孩子要补课。我说，孩子已经不肯学习了，补课还有意义吗？她告诉我，没办法，必须补课。我只好说，那我也没办法了。

父母的理念是不补课，就更差了。他们没看到孩子已经不学习了，补课只是在耗时间而已。把孩子送到补习学校，被安慰的是父母自己：我家孩子去补习了，他就是在学习了。他们不管孩子是不是在浪费时间。

都知道磨刀不误砍柴工，可是真的到了关键时刻，多数父母还是选择自我麻醉，不愿意面对现实。除了学习和成绩，我们还了解孩子的什么状况？我们是真的爱孩子的吗？还是爱的只是孩子成绩好给我们带来的面子。

补课和咨询，哪一个更重要？补课，更多的是查缺补漏，是为了提高孩子的学习成绩；而咨询，是要帮助孩子清晰地了解自己，找到成长方向，完成自我同一性，活出健康快乐的自我。提高学习成绩只是咨询可能带来的一个副产品。

去年的这个时候，一位疲惫的父亲来找我，说自己的女儿学习很辛苦，很努力，但就是一考试就紧张，成绩与自己的实力相差很大。孩子为此深感沮丧，无论父母亲如何安慰她，都没有太大的效果。孩子每次考试前都夜不能寐，考试时手脚冰凉，成绩令人失望。无奈之下，这位父亲听从了班主任的建议，来寻找心理咨询师的专业帮助。

女孩子高三了，时间安排十分紧张，好在班主任支持，所以在大家的努力下，女孩子开始接受心理咨询。和女孩子接触了两三次之后，我就发现这个孩子的知识储备很是不错，只要不是重要考试，都可以取得比较好的成绩。可是所有的重要考试，她都会十分紧张，以至于手脚冰凉，前二十分钟基本看不清卷子上的题目，考试下来，成绩也就可想而知了。虽然父母说她考多少分他们都不会在意，可是每次考砸了，她还是能够读出他们脸上的失望。

考试，很多时候考的是记忆的提取。这个女孩子，该记的记住了，可是由于情绪的干扰，提取不出来。焦虑情绪就是这样抑制了她对记忆的提取，从而影响了考试成绩。

心理咨询工作能做的就是，梳理她的情绪，帮她找到情绪背后的不合理信念，同时，用技巧帮助她学会放松，轻松愉快地面对考试。这个过程很难一蹴而就，需要的是家庭和孩子的共同努力，有的时候也需要教师的参与。所幸，现在的父母及教师，基本都能够积极配合我们的工作。经过20

次左右的咨询，孩子的情绪越来越稳定，每一次考试的发挥也越来越好。最后，这位女生以六百多的高分，考取了一所“211”高校的心仪专业。然而，对这个孩子来说，其实这只是一个副产品，最重要的是，她的自信心建立起来了，上大学之后，参加学生会的竞聘，成功当选了系学生会副主席，而且对待接下来的学习和生活充满了信心……

这个成功的案例告诉我们，在孩子成长的过程中，学习成绩，只是比较容易显化、比较容易引起重视的一个指标。当孩子的学习成绩出现波动时，做父母的能够及时根据孩子的情况选择更加有效的干预方式，会给予孩子真正的支持，并且带给孩子长久的幸福和快乐。

祝福天下望子成龙、望女成凤的父母亲们梦想成真！

心 理 咨 询 师　说 给 你 听 的 故 事

想要解决孩子迷恋网络游戏的问题，需要先了解一下网络游戏对于青春期的孩子到底意味着什么。

23

网络游戏与青春期

很多父母苦于没有方法阻止孩子玩游戏，会想方设法把孩子带到我们工作室来，期望心理咨询师做他们的代言人，来说服孩子。但他们不明白，咨询师真的不能做父母的代言人。心理咨询师要保持相对的中立，如果成为父母带来的帮手，孩子先入为主地就排斥了，咨询也就没法继续下去了，更不要提取得什么好的效果了。

我经常说，进行心理咨询，首先要求是自愿，谁难受谁吃药。孩子往往没觉得自己有问题，父母却认为只要解决了孩子迷恋游戏的问题，家庭就和谐了。孩子的问题，往往是整个家庭的问题，所以，家庭治疗是关键。

想要解决孩子迷恋网络游戏的问题，需要先了解一下网络游戏对于青春期的孩子到底意味着什么。这个问题，我问了无数的求助父母，多数人的答案都是逃避压力啦，不爱学习啦，故意逆反啦……他们认为孩子以及游戏一无是处。同样的问题去问那些玩游戏的孩子们，得到的却是完全不一样的回答。孩子们普遍认为，网络游戏是同龄人的社交平台和社交媒介，完全不玩游戏的孩子，会被同伴视为异类。而青春期的孩子，正是自我同一性形成的关键时期，社会评价尤其是同伴的评价对他们的自我形象认定有极大的影响力，被同伴排斥或者孤立对他们来说是极其可怕的事情，因此，有时会为了求认同而丧失自己的立场和判断能刀，盲目地跟随大家陷入网络游戏。

此外，在应试教育的大环境下，整体而言，初高中的孩子们压力都比较大，也需要一些渠道来宣泄。现在多数的父母自顾不暇，很难陪伴孩子去做一些室外运动，或者用其他看起来更健康的方式来减压。有一次，我带几个孩子去冰瀑玩儿，孩子们爬上滑下，玩得不亦乐乎，这个时候你问他们还要玩手机游戏吗？他们立刻就拒绝了。只是，有多少父母能够意识到，只有合理减压，学习效率才会事半功倍？父母还是宁愿把孩子圈养起来熬时间，觉得时间熬够了，自己的心理上就得到安慰了，很少意识到孩子的效率问题。

我观察过我儿子玩“英雄联盟”时的状态。他们需要组织一个五个人的团队，和另外一个队伍对战，一边对战一边还聊天，偶尔互相吐槽一下，看起来的确很有趣。我问过儿子，如果他在规定时间内没有完成游戏，我强迫他退出游戏去学习，结果会怎么样？儿子很无语地看着我说，那我就是猪一样的队友，会害了其他队友的，还不如一开始就不让我玩呢。事实上，一局比赛时间也不会太长，一般也就四十分钟左右。玩过了，孩子就会毫无牵挂地去学习，效率反而比较高。如果不让他玩，他就会心心念念地想着，学也学不进

去，坐在那里不过是做个样子哄哄父母罢了。

其实，在一些科学家眼中，所谓的“网瘾”在某种意义上说，可能只是一种全新的社交方式。更为乐观的看法认为，网络成瘾只能称为一种“行为依赖”。对“网瘾”的担忧和半个世纪前人们对电视成瘾的担忧一样，很大程度上只是出于人们对新技术的恐惧。

所以，我建议父母们，更多地了解孩子在网络上做些什么，多和孩子建立良好的沟通。当你的孩子能够坦白地和你讨论什么是“打团”，什么是“团灭”，什么是“皮肤”，什么是自己打的英雄的形象的时候，可能你就可以有资格去要求他了。

对于网络，我们应该承认我们不如孩子们使用得那么游刃有余。网络是把双刃剑，一味地禁止孩子接触显然不符合时代发展潮流。放下身段，跟孩子一起学习，让网络更好地服务于我们吧！

心 理 咨 询 师　说 给 你 听 的 故 事

爱，原本就是圆满具足的。让我们像森林中的树木一样相爱，彼此独立又彼此陪伴。

24

闺蜜的闲聊

闺蜜小聚，闲聊间说起一位共同认识的朋友的孩子上大学后抱病卧床的事，我不禁想起自己以前做过的一个个案。

一位单亲妈妈含辛茹苦地把孩子养大的故事就不赘述了。咨询的前几次，我基本都是在听这位妈妈倒苦水，真的是很不容易。之后，儿子很有出息，考上了很棒的大学，远走异地他乡。因为自觉家境贫寒，所以儿子基本上一年回一次家，既省了车票钱，还可以利用假期在外打工。很多人觉得这位妈妈熬出了头，该好好享受生活了。可是，这位妈妈却先得了胃溃疡，后得了慢性肠胃炎，日渐消瘦，骨瘦如柴，渐渐地连班都不能去上了。

她去看医生，有经验的大夫告诉她，很多胃肠疾病与情绪有关，建议她接受心理咨询。于是她来到了我们的工作室。

在孩子考上大学之前，妈妈的全部世界就是孩子。虽然生活不富裕，但是妈妈除了工作之外，也把孩子的生活打理得井井有条。为了孩子，妈妈还去学习了厨艺，每餐都换着花样来做。她说，孩子上中学的那段时间她过得最充实，每天设计菜谱，买菜，料理，从来没觉得时间漫长，日子难过。

可是自从孩子离开家去上大学，她就像没了主心骨，整天不知道做些什么好，每天下班后的大把时间不知如何打发，茶饭不思，经常一天一天不吃饭，饿了就随便吃点饼干、方便面之类的充饥，生活完全没有了规律，再加上情绪低落，吃下去的东西也不消化，逐渐得了胃肠疾病。

科普一下胃肠疾病与情绪的关系。以下引自彭聃龄的普通心理学。

人体内有两种腺体：外分泌腺和内分泌腺。不同的情绪状态会引起内、外腺体的变化，从而影响激素分泌量的变化，这种变化也可作为判定某种情绪状态的客观指标。

在特定的情绪状态下，外部腺体的活动产生相应的变化。例如，人在悲伤或极度高兴时往往会流泪，焦急或恐惧时会冒汗等。人产生的某种负性情绪，如焦虑、恐惧，会抑制消化腺的活动和肠胃的蠕动，使人感到口渴、食欲减退或产生消化不良。相反，愉快情绪的产生，可增强消化腺的活动，促进唾液、胃液及胆汁的分泌。

由此我们可以看出，这位妈妈在和孩子常年的互相依附状态中，已经把自己的独立人格丢掉了，全部的社会角色单调到只有母亲这一个角色。当孩子渐行渐远的时候，她没法适应没有人需要自己的生活，找不到自身的价值所在，因此产生了很多的负性情绪，进而影响到了自己的身心健康。

每一个人的自我意识，都有生理自我、社会自我、精神自我三个层面。达到三个自我之间平衡、和谐，人才是身心健康的人。通过咨询，这位妈妈找到了自己问题的症结所在，她把对孩子的爱变成了捆绑彼此的绳索，当孩子长大要挣脱的时候，她又试图用身体症状来继续控制孩子。

后来，这个妈妈开始去跳广场舞，去学习唱歌、绘画，让自己工作之余的生活变得丰富多彩，并渐渐有了志同道合的朋友，也有了儿子以外的话题。半年过去了，她似乎逆生长了，变得年轻，健康，富有朝气。

爱，原本就是圆满具足的。让我们像森林中的树木一样相爱，彼此独立又彼此陪伴。我们绝不能学攀缘的凌霄花，以爱的名义让参天大树窒息！

心 理 咨 询 师　说 给 你 听 的 故 事

面对我们不能选择的事情时，最好的方法便是“悦纳”。

25

高一高二、七年级八年级

做咨询这么多年了，我发现来访人数最多的是高一高二、七年级八年级的孩子们。小学时期不是没有问题，是比较容易被压下去，因为年纪小，似乎一切都有的是时间来改变。到了中学，进入青春期，问题就集中爆发了。我经常建议家长用写信的方式和孩子沟通，所以放了一封信的模板在这里。大家可以根据自己家孩子的情况写出更加个性化的文字，得到更好的沟通效果。

孩子：

这次我想跟你谈谈“选择”。人生会有许多选择，我觉得是时候谈谈它了。当然，你和所有人一样，不能选择你的出身，不能选择你的父母，不能选择你的容貌……有太多的不能选择。面对我们不能选择的事情时，最好的方法便是“悦纳”——愉悦地接纳，而不是怨天尤人。

孩子，当我们无数次面临选择的时候，不要害怕未知数，不要害怕来不及，我以一个母亲的经验告诉你：人生从任何时候开始都不晚，上帝永远不会向有心人敞开绝望之门。如果我可以为你选择精神栖息地，那么我祈求造物主赋予你领略文学、音乐、绘画、建筑、诗歌等艺术的悟性，赋予你和大自然深度对话的能力。但这由不得我，也由不得你。我们只能慢慢发现你的天赋才能，支持和帮助你实现自我。

孩子，我们会最大限度地保护你的天性，但同时我也深刻认识到选择对一个人成才的重要性。尤其当你由一个小姑娘变成一个少女，或由一个小男孩变成一个少年时，明白青春期的躁动的我，必须把你五花大绑起来，才不致使你在这个光怪陆离的社会上长得歪歪扭扭，连当砧板的可能性都没有，更别提成为栋梁之材了。所以，我下面要跟你说的话可能有些不那么悦耳，但你必须重视并且执行。别想着来挑战你母亲的权威，我要坚定地告诉你——我永远不害怕你哭，不害怕你挨饿，不害怕你离家出走。

一路走来，你会遇到很多的诱惑，很多的艰难选择：选择学业，选择职业，选择婚姻，甚至选择生育……越难的选择越是不能逃避的，所以不要等到最后一刻才马虎草率地做决定。选择需要勇气、理智、果敢和判断力，还有一点运气和天意。当然，你不会总是选择正确，不过这没关系，任何人都会犯错误。你可以考虑听听别人的意见和建议。不要轻易选择回避，因为回避也是一种选择，而且是不怎么好的选择，因为总有你回避不了的事情。

你可以选择不爱阅读，但不要选择阅读愚蠢的书，有些文字除了使你变得更蠢之外，再无别的用途。我会强制给你

布置阅读任务，你拿自杀威胁我都没有用。我不指望你从事写作之类的工作，但文学将带给你宝贵的素质。

你可以选择不喜欢当前的教育制度，甚至不喜欢这个社会。对于社会的痼疾，青春期的你可以选择大胆批判，但不要抱怨，要采取行动，哪怕微不足道。这个世界不是为你准备的，但它为所有人提供了实现人生价值的机会。我当然知道任何伟大的生命终究要归于尘土，人生不过是一场虚空。但我不希望你年纪轻轻就像老僧入定，一副仙风道骨的样子，整天说：我低调，我淡泊。我的孩子！只有足够高调的人才有资格低调，波澜壮阔后的大海才能呈现平静之美。你可以选择胸无大志，但别自欺欺人。我希望你是行动派，通过自己的努力取得骄人的成绩，最好能像比尔·盖茨一样富可敌国，为社会创造更多的财富和良性价值，然后再谈低调，再谈淡泊。

最后，我要告诉你，拥有不同生活状态的奥秘在于你如何选择思考人生的方式。你的态度积极了，你的人生自然积极。

我的孩子，理想是我抵达不了的高地，薪火已向你手中传递。我有很多答案想告诉你，但希望你先自己寻找问题。我随时在书房等你，倾听你的困惑和难题。你在成长，羽翼逐渐丰满。总有那么一天，你会离我越来越远，但或许你不会觉察到，我一直在背后温柔地注视你……

心 理 咨 询 师　说 给 你 听 的 故 事

最好的教育，是我们活出真实的自己，用生命去影响生命。

26

我自由，也允许你自由

朋友圈看到一位妈妈用对几个月宝宝说话的口吻写道：宝宝，你长大了要好好爱爸爸，爸爸为了你，太辛苦了。下面的配图是孩子的爸爸在酣睡。我评论说，不要用情感绑架孩子。这位妈妈回应说，孩子小，反正她也不懂。我再次回复说，不是孩子大小的问题，是我们自己内在有了这样的信念，就会在日后对孩子进行教育时，不由自主地传递这样的理念，结果就是让孩子的内心充满了内疚，情感被绑架，无法活出自己。后来我还又追加了一条，如若是你自己想要表达对丈夫的爱，就直接表达吧，不需要假借孩子的口吻。这是另外一个话题了。

可能我是又好为人师了。我向内觉察，发现每当我在朋友圈看到关于孩子的话题，尤其是做父母的在教育孩子方面说错话、做错事的时候，就忍不住要评论，好为人师的毛病就会发作。而且人家不听我的，我还会充满愤怒。我认为这是我的功课，总是以保护弱小为己任，尤其是孩子。

生不生孩子，是我们为人父母者自己的选择，我们应该为自己的选择负责任，而不是把责任推给孩子。所以，请别再说一切都是为了孩子了。

做父母，真的需要学习，这是我一贯的理念。成为自然型父母容易，成为学习型父母就需要自身的觉知和努力了。忘了谁说过，就算我们拥有世界上最完美的父母，我们仍然会千疮百孔地长大。在这些创伤中，父母们一切都是为了孩子，就是孩子一个很大的创伤。

武志红老师曾讲过："那么多人，好古怪，他们自己为啥

不好好活，为啥硬要把自己的生命价值附着在别人身上？别人荣，他们便荣；别人失败，他们便失败。仔细一想简直是变态。每个人的光荣或耻辱，为什么不由自己来定，为什么要放弃？很多人爱说‘一切都是为了儿女’，那儿女又为谁呢？如果儿女也继承相同的想法（往往如此），也说‘一切都是为了儿女’，那不就是老鼠会，不就是传销，不就是谎言一堆吗？一环扣一环，生命的价值在一堆看似高尚的选择中指向终极的虚空。”

我们常说，身教重于言教。做父母的自身都很难活出精彩，如何要求孩子？最好的教育，是我们活出真实的自己，用生命去影响生命。我有一个学生，在他很小的时候爸爸妈妈都在考研。他从小就很喜欢看书，因为父母整天都在看书学习，他就把看书当成了自然而然的事情。我还有一个学生，他父母很喜欢打麻将，他最早认识的汉字是东西南北中，他父母天天对他耳提面命，要多看书，他还是不喜欢看书。

马斯洛的需求层次理论告诉我们，每一个人乃至每一个生命都需要自我实现。达到自我实现境界的人，接受自己也接受他人，解决问题能力增强，自觉性提高，善于独立处事，可以不受打扰地独处，能够完成与自己的能力相称的一切事情。

当一个生命不能做自己，被迫为他人而活着的时候，除了巨大的压力带来的极度焦虑之外，还会懈怠、被动，无价值感和无意义感。事实上，这也是现在很多孩子厌学、沉迷游戏的原因。

每一个为人父母者，不要再有意无意地渲染我们的付出了。那不过是我们应该为自己的选择而负起的责任。我们不需要孩子向我们证明什么，只希望他们能够活出自己生命的价值，成为一个独立的大写的人！

我自由，也允许你自由。

心 理 咨 询 师　说 给 你 听 的 故 事

如果你是一个自我边界感好的人，真的可以从这些纷纭嘈杂的声音中，看到自己的立场和观点。

27

“边界感”这件事

太多人在说边界感这件事了。不同的角度，不同的解读，无关对错，各自发声。这恰恰说明，如果你是一个自我边界感好的人，真的可以从这些纷纭嘈杂的声音中，看到自己的立场和观点。反之，如果你刚好边界感有点弱，反而会觉得不知所措或者被某一种理论深深卷入其中了。事实就是，当我们谈论一件事的时候，我们也会在其中起到一点作用，同时可以借此检视自己，有没有卷入，卷入了多少。觉察真是无处不在。有能力跳出来看时，你会发现，你的自我边界感又改善了呢！多奇妙的互动过程！

我发现自己越来越像《月光宝盒》里的唐僧，好啰唆，如果上面那段话你没有看懂，那就别看了。反正也不是很重要。重要的从下一段开始。

心理边界，是指自我存在所需要的情感距离和心理空间，是自我统合以后所形成的与他人相区别的独立自我。当这个自我具有相对稳定性的时候，我们就说，这个人成熟了。由此可以看出，边界感的确立，关系到一个人的健康发展，关系到他能否更好地适应社会，能否体验到自身的价值和人生的意义。

岁月给人最好的礼物，是在不断的砥砺中建立起来的边界感。当你明白了一切事物的规则，并且能够恰到好处地借力和使力，你可能就拥有了智慧。

可是，事实上，你的冷暖，谁说了算？世界上有一种冷，叫你妈觉得你冷。由此引申，世界上有一种成功，是别人觉得你成功；世界上有一种幸福，是别人觉得你幸福；世界上有一种工作,是别人觉得高大上……如此反复,没完没了。

我们活在别人眼里,活在社会评价里,没了自己的感受,没了自己的生活,也没了自由。感受一下,当你为某件事做决定时,你是能够听到自己内心真实的声音呢,还是被拥挤的“别人会如何如何”的念头所淹没?我们自己的边界被不断侵入,同时我们也不断侵入别人的边界,彼此纠缠,彼此伤害。

人们是如何一点一点丧失边界感的呢?最早是婴儿时期,因为人类初生时是不成熟的,无法像其他小动物一样出生几个小时后就能自力更生,人类需要更多的照顾,那些照顾者们,比如妈妈、奶奶、外婆等人,也在照顾小婴儿的同时获得了很大的乐趣和价值感。所以,当孩子们长大了,不再需要无微不至的照顾的时候,照顾者们依然无法退出,逐渐在孩子的生命中变成了控制者的角色,插手孩子的学习、生活、婚姻、工作等一切问题。过多的卷入,过多的干涉,让孩子丧失了自我的边界。结果,孩子变成了依赖者,衣来伸

手、饭来张口，穿不暖、吃不饱还怪罪父母，甚至故意不伸手、不张口，叫自己穿不暖、吃不饱，让父母心疼，激发父母的恻隐之心，给自己带来更多的好处。

依赖带来的最大好处是不必自己选择，也不必自己做决定，更不必自己负责任。所以电视节目中，很多调解家庭矛盾的案例，都是彼此纠缠太紧，没有边界感造成的。有的时候，父母虽然看起来令人同情，但他们其实是始作俑者，说得难听点，就是自食恶果。

当一个人缺乏边界感时，很难感觉到自己和他人的不同。然而，犹如这个世界上没有完全相同的两片叶子，这个世界上也不会有完全相同的两个人。遗传基因不同，早期教育不同，童年经历不同，读的书、接触的人不同，自然信念系统就会不同，看待问题的角度、解决问题的方法就会千差万别。

每一个人都需要尽快成长起来，为自己的选择负起责任。不然，孩子们又有了孩子，孩子们继续侵犯他人的边界而不自知，如此延续，循环往复。

边界感过于清晰，容易让人觉得冷漠，有距离；边界感过于模糊，又容易纠缠，卷入太深。审时度势，适时调整，这就需要太多的生命智慧了。祝福朋友们，都能找到合适的尺度，既不打扰他人的生命，又保持自我的独立。让我们从当下出发吧！

心　理　咨　询　师　　说　给　你　听　的　故　事

据说,“易性癖者”群体抑郁发作是百分之百的,自杀率也很高,可见他们活得多么痛苦。

28

每一个生命都值得被爱

中文名	易性癖者
外文名	Transsexual
生理性别	男
心理性别	女
精神医学分类	跨性别
性取向	未确定
相关激素	雌激素、孕激素、抗雄激素

对于心理性别为女、生理性别为男的人,一般通过激素

药物改变其内分泌使之接近女性，从而让身体逐渐接近女性。由于一些难以说明的原因，仅有部分“易性癖者”会在后期实施变性手术。

“易性癖者”的数量在中国是很庞大的，但现在暂时没被社会所重视。他们通常不被家人接纳，也不被社会所容纳。

以上资料来自百度百科。

咨询中见过这样的一些人，今天又被问到了，觉得有必要普及一下相关的知识，发出一些声音，让更多的人看到人与人之间的不同，让这些人也有机会正常工作、学习，和我们一起享受阳光、雨露。

传统上，性的区分只有两种：男和女，剩下的都勉强归为“其他”。这种分类方法是基于生物上的“性”(sex)的。对于大部分哺乳动物来说，这样分确实也足够了：生殖需要有男有女，剩下的都被归为“异常”。

但对于人类来说，性所起的作用远远不止生殖，它还是我们每个人的基本自我身份之一。这种社会性别(gender)和生物性别(sex)是不同的,后者由你的染色体状况决定,而前者由你的意识决定。

所以,可能是造化弄人,有些人身体是男性的,有男性生殖器、男性体征,可是,灵魂却是女性的。国外研究发现,这些人大脑的下丘脑部分,也是女性中枢。有一个孩子说,从他懂事起,他就觉得自己是女性,可是周围人都说他只是"娘",还是用对待男孩子的方式对待他、要求他。所以,问题来了,到底是用灵魂定义身体,还是用身体定义灵魂?这个孩子抑郁了,来访时也是因为抑郁症来访。据说,"易性癖者"群体抑郁症发作率几乎是百分之百的,自杀率也很高,可见他们活得多么痛苦。

国际非政府组织亚洲促进会2014年发布的一项调查报告显示,在亚洲跨性别者占成年人群体的0.3%,中国大陆的跨性别者人数在400多万。人数不少,但关注度却远不如社会对同性恋群体的关注度那么高。

这个圈子的平均年龄都很小，大约在十四五岁。第一种情况是原发性的，就是我上文中说到的生理基础原因，比如内分泌异常，或者说下丘脑是女性中枢的。第二种情况却不是，有些孩子是看了一些漫画，或者接触了一些跨性别者之后，由于自卑或者其他原因，比如好奇，而走进这个圈子的。也是青少年居多。所以心理咨询师要和医生配合，搞清楚这个孩子的生理基础以后再确定是否对其进行矫治。第一种情况是无法矫治的，只能靠父母、家人接纳之后，帮助孩子慢慢走向社会。这种情况所有家庭成员都需要支持和长期的辅导。

性别认同障碍的人通常被称为易性癖着，虽然这个叫法也不很准确。现在最大的困惑不在于叫什么，而在于同为生命，他们为什么必须痛苦地活着？他们的痛苦主要来源于社会的不认同甚至歧视。试想，自己的父母都没办法接受他们，其他人怎么可能接受？所以很多孩子退学、逃家，隐姓埋名，过着很苦的日子。受不了的，就自伤、自残、自杀。能够得到家人理解支持，并且做了变性手术，得到社会认可的，只是其中极少的一部分。

如果通过观察，发现有此类障碍的人已有现象不可逆转，那家庭、社会对这些人就接纳得越早越好。目前我们国家规定，做变性手术，必须要父母同意。愿大家积极发声，让更多的人了解性别认同障碍。在现实中，碰到相关案例，要认真分析，假性的，积极矫治；原发性的，积极面对。

每一个生命都值得被爱，被尊重！希望这些孩子们早日找到幸福！

KOREA

心 理 咨 询 师　说 给 你 听 的 故 事

您可能要反驳我，中国孩子的青春并不枯燥——您真的站在孩子的角度来看问题了吗？

29

亲爱的孩子们

我做心理咨询工作以来，太多的父母把孩子带来让我们纠正。数量最多的原因之一，就是网络成瘾。见的孩子多了，我忽然发现，很多孩子并不是表面看起来的网络成瘾，实际上他们不依赖网络，也没有成瘾症状，但是，他们又确实把太多的时间消耗在了电脑或者智能手机上面。那是因为，孩子们精神空虚。

孩子们喜欢并且希望去做的事情有很多，可惜大多数只能在梦里实现。

中国孩子的青春是活在梦里的。

我想象,我抱着吉他,跟我的摇滚乐队站在舞台上蹦跳着声嘶力竭。

我想象,我穿着闪耀,跟我的街舞舞团在繁华的十字路口旋转跳跃。

我想象,我拿起喷漆,跟我的创作团队在每一面墙上画上我的涂鸦。

我想象,我跨上摩托,跟我的灵魂爱人在梦中的城市一同放声歌唱。

当然,这些东西的前提都一致:我想象。因为现实生活中,这些不可能实现,不可能得到父母、学校、社会的支持。

每一次看各种演出, 最打动我的往往是那些伴舞的演员们。他们似乎大的不过二十四五岁的年纪,小的可能只有十四五岁。这些孩子,也许是社会人士眼中的"艺术生",也许是家长口中终日不知道学习的"坏孩子",但至少他们年轻,他们在用曼妙的舞姿证明他们的青春。待到青梅枯萎,竹马老去，他们还能拄着拐杖跟儿孙讲讲年轻时尽情舞蹈的年华。可更多的孩子们呢？

忽然想到了汪峰。他 1994 年出道，那年应当是 23 岁。23 岁的普通中国孩子在做什么？在上大四，面临考研还是工作的问题，被各种压力逼得苦不堪言。汪峰的摇滚生涯却已经开始。中国不乏玩音乐的年轻人，可是真正坚持的，真正做出成就的又有几人？中国不乏趁年轻搞个乐队的年轻人，可是真正坚持了，真能把音乐当信仰的又有几人？您可能要反驳我，中国孩子的青春并不枯燥——您真的站在孩子的角度来看问题了吗？年轻的何勇、窦唯、张楚敢挑战当时红透半边天的“四大天王”，然后在香港红磡体育馆用他们的激情感染了一代青少年；年轻的崔健高唱着“一无所有”，走遍了大江南北。请问，这时候的同龄孩子在干什么？在上学。

我儿子有幸跟许多来自美国、澳大利亚、加拿大的孩子们有过深入的接触。他们谈到的很多事，他们在谈话中无意提及的他们的生活，都令我的儿子深深震撼。在美国，16岁的花季应该谈一场认认真真的恋爱，搞几场热热闹闹的舞会，和朋友骑着机车去旅游，组建自己的乐队，搞定自己想做的小制作，跟爸爸进行一次深刻的对话，出去挣钱养活自己……不胜枚举。

我很关心国外青少年的状态，因为我国现行的教育体制是不可能给孩子们这些的。事实上，我们应该关心的不是孩子知识的掌握量，而是掌握能力。我们缺失的不是创造型人才，而是普通孩子的创造力、想象力、动手能力等等一系列能力。在与外国孩子的对话中，他们总在强调能力的重要性，可是当代太多的中国人是如此的急功近利，他们只看到了成绩，成绩，成绩，成绩！

有人说，现在很多学校都在实行素质教育啊！我们从字面先来看看：素，本来的，原有的；质，本质。“素质”这个词可以理解为事物本来的性质。这些是需要从小在生活中一点一滴培养起来的，不是学校今天搞个歌咏比赛，明天组织

个研学活动，就能叫作素质教育的。这种所谓素质教育的本质，还是要让学生们走应试教育的苦门路。我曾在过去的一篇文章中断言，应试教育在未来很长一段时间内不会取消，因为这种模式对于中国目前的教育来说是相对公平的。但是在现在我不得不进行补充，这种相对公平，其实是相对公平而不合理的。其教育的内容、形式，都不太符合孩子们的学习能力发展规律，有许多孩子课堂上学来的东西完全不会用，不知道怎么用，学完、考完就忘。对于这些情况，我们该怎么办？

首先，你可以选择出离，远离学校。当然，多数中国家长是不肯做出这样的决定的，也不敢做出这种决定。更荒谬的是，很多孩子也不会有这样的决定，甚至不会有这种想法。他们从小就被灌输：别人都如何如何，你也要如何如何。这种不合理信念产生了一批这样的孩子，他们坚信“木秀于林，风必摧之”，他们坚信“枪打出头鸟”，于是就有了网络上评论的不负责任的一代，垮掉的一代，没有思想的一代……他们其实原本都是有思想的孩子，但终于在一些不合理学校教育中磨没了翅膀，磨掉了信仰。

其次，你可以选择逃避。这与出离是完全不同的状态。你在完全地逃避这种学校教育，带来的结果就是你在学校听不进去课，看书也看不进去，处于完全无所事事的状态，不知道为什么而学习。你会显得颓唐，缺乏朝气，这都是你逃避的方法。严重的可能出现躯体化反应，这也是逃避的后果。

最后，我还是推荐大家接纳现在的生活状态。只有接纳，才能看到不足，才能开始寻求帮助。我有一个原则，你要我便给你，你若不要我也不会给你。至于接纳的方法，我在此只点出一二。正如那句话所说：说开星月无光彩。其实接纳的方法很简单，羡慕杰森斯坦森就在周末找个健身房练练肌肉，喜欢贾斯丁·比伯就找个 KTV 唱唱歌，热爱户外运动就约三五好友出去爬爬山……生命中的时间总要做些学校之外的事情。你或许又要说：我要补课，我要学习，我的时间不够。请你想想，那些学习很好还很爱玩的孩子们是

长九型—《九型人格与自我认

怎么走过来的？一如我一直强调的，掌握学习方法和学习能力，比你对知识的掌握强百倍。掌握合适你的学习方法，高效学习，你的青春才有机会存在。

其实无论是所谓的二次元少年还是那些网络成瘾的孩子，他们的青春无非都是活在了梦中。游戏是梦幻的战争，动漫也是。他们的青春在梦幻中存在，在梦幻中消失。中国孩子忙于成长，然后又叹息自己没有青春时光。

其实有时候，我们真应该停下来看看。亲爱的孩子们，你们都是孩子，你们的青春，不应活在梦中！

心 理 咨 询 师 说 给 你 听 的 故 事

孩子的成长是系统工程，有问题也是必经的过程。不要回避，不要害怕。

30

有问题，是必经的过程

我连续发表了六篇同题文章《被母爱困住的孩子》，收到了很多好评的同时，也得到了不少质疑。尤其是一些母亲，觉得好委屈：我们付出了那么多，孩子的问题还要我们来承担责任，太憋屈了。我自己也是当妈妈的，也不希望因此造成一种误解，孩子的问题都是妈妈造成的。加上很多人看文章只看标题，不读内容，就更容易望文生义，产生误会了。虽然文章中也有解释，但是今天我专门来澄清一下自己的观点：孩子的问题不都是家庭造成的。

很多家庭教育专家提出，孩子出现了问题，百分之百是家庭出了问题，说"孩子有病，父母应该吃药"。一般做父母的都愿意为之学习，为之改变。书店里，卖得最好的，是教育孩子的书籍。现在做父母真不容易，面对孩子出现的各种问题和社会、专家的指责，父母们无奈又无助。很多父母期望通过看书、学习把自己搞成家庭教育的专家，这又成了一种角色的错位，我也并不赞同。还是专业的人做专业的事，如果孩子真的有问题了，还是要积极寻求专业的帮助。

其实之前我在文章中也说了，孩子出问题，不能说全部都是母亲的责任。家庭里有很多复杂的关系，还有整个社会文化大系统的问题。比如，西方的媒介上有很多文章教给妈妈在孩子长大后要慢慢放手；而在东方，好多文章都是在谈母爱的伟大，这样很多妈妈就不知道放手比抱着更重要，妈妈的爱往往成了孩子成长的牢狱。这是一个社会文化问题。如果把问题都归咎在家庭中，归咎在爸妈身上，很容易互相埋怨、指责，反而不能解决问题。

过去心理治疗主要是针对个人，现在发展了家庭治疗，好像责任都归咎在家庭，这样的理解是不恰当的。家庭治疗不是把家庭当成问题，而是把整个家庭都变成治疗者，这样力量就大了，当事人就容易改变。治疗者通过和家庭成员的互动，帮他们创造一种新的可能性。

其实，青少年至少生活在三个系统中：家庭系统、社会系统和(学校)同伴系统。这三个系统有些部分是重叠的，只管理一个系统是不够的。学校是一个很重要的系统。很多家庭环境不好的孩子，因为碰到好的老师，也能成长得很好。有一次我看一个电视节目，美国“60分钟”节目访问一位黑人校长，这所学校在纽约最贫穷的黑人区，那里的孩子被认为是最没有前途的，但是她的学生很多都成了专业人士。记者问这位校长，她是用什么办法使这些孩子改变了命运？这位校长说：“我的道理很简单，我对那些孩子说，我知道你们的家里有很多不幸的情况，有人酗酒，有人吸毒，有人做妓女，有人使用暴力，所有不幸的事情都可能在你们家里发生。可我想让你们知道，这些问题不是你们的问题，是大人的问题。而你们到这里上课是你们自己的责任，我会尽力帮你，你也要自己尽力。”

孩子也可以改变父母。孩子很小的时候，比如三岁之前，父母显然是最重要的。但是孩子大了，也可能有能力去改变父母。

比如我之前写的文章中那个考不上大学的男孩，表面上看，他是考试焦虑；实际上，是他的爸爸妈妈的关系出了问题，他们之间无法沟通，就把注意力放在了孩子身上。

这种孩子很苦，他们把家庭不要破裂的责任背在自己的身上，用出问题来拯救家庭。在治疗过程中，我发现很难让孩子父母明白这一点。爸爸似乎明白了一些，但是又不肯和妈妈交流。我就问孩子，如果父母都不肯改变，你怎么办？他说，我不要这样下去了，必须改变。我让他走到离父母远一些的地方。他虽然哭着，但是走得很坚决。我知道这是一个分离的过程，但必须有。这个分离过程完成了，家庭

里每个人才能回归到自己的位置，家庭的现状才能改变。如果家庭不能改变，我们也可以从专业的角度，帮助孩子做个人的改变。

孩子的成长是个系统工程，有问题也是必经的过程。不要回避，不要害怕。全社会共同努力，我们一起给孩子营造更好的成长环境！

附录：

林何凤心理课程培训列表

●2016 年 10 月 27 日《太原电视台新闻对话　孩子玩“手游”狂刷信用卡》

受众：电视台观众

●2016 年 10 月 30 日《河南省漯河市心理咨询师协会　九型人格专业课程》

受众：心理咨询师

●2016 年 11 月 6 日《剑与莲花心灵关爱中心　九型人格精华班》

受众：来自银行、旅行社、高校等行业的付费学员

●2016 年 11 月 12 日《汾河生活艺术小镇　九型人格与亲密关系公益课》

受众：对心理学及性格分析感兴趣的各行各业人群

●2016 年 12 月 10 日《河南省漯河市心理咨询师协会　九型人格与心理咨询专业课程》

受众：持证心理咨询师

●2016年12月16日《怀柔私企内训　九型人格与人际交往》

受众：私企员工

●2016年12月21日《中石油抚顺石化公司　九型人格与领导力专业课程》

受众：中石油抚顺公司处级干部

●2016年12月24日《嘉德拍卖行　九型人格与领导力专业课程》

受众：嘉德拍卖行员工

●2017年2月14日《山西交通广播网络直播　情人节谈情说爱》

受众：交通广播听众

●2017年2月15日《山西省忻州市忻府区地税干部心理调适培训第一期》

受众：地税干部

●2017年3月28日《达人部落达人秀　拥抱温暖　林何凤老师与性格学说》

受众：各行各业热爱学习和成长的人们

●2017 年 4 月 2 日《女人心女人事　微信群线下活动之女人聊性格与亲子关系亲密关系》

受众：年龄不等学历不同的各行业女性，包括全职妈妈

●2017 年 4 月 7 日—8 日《石家庄绽放玫瑰　九型人格与自我认识专业课程》

受众：对九型人格及心理学感兴趣的各界人士

●2017 年 4 月 10 日《太原电视台新闻对话　第四次单身潮》

受众：太原电视台观众

●2017 年 4 月 17 日《太原电视台新闻对话　衡水中学教育泰罗制》

受众：太原电视台观众

●2017 年 5 月 8 日《太原电视台新闻对话　不让看电视就跳楼》

受众：太原电视台观众

●2017 年 5 月 16 日《山西交通广播　直播你的故事　直播心理咨询》

受众：山西交通广播听众

●2017年5月17日《太原电视台新闻对话　虐童事件谁来守护我的孩子？》

受众：太原电视台观众

●2017年5月23日《太原电视台新闻对话　养儿防老还对吗？》

受众：太原电视台观众

●2017年6月6日《山西交通广播直播节目　为高考考生及父母减压》

受众：山西交通广播电台听众

●2017年6月15日《长治地税　九型人格与领导力专业课程》

受众：长治地税税务干部

●2017年6月30日—7月2日《石家庄绽放玫瑰　九型人格与自我认知专业课》

受众：喜欢九型和心理学的各界人士

●2017年7月3日《山西健康广播电话访谈　女孩，不要随便上陌生人的车》

受众：广播电台听众

●2017 年 7 月 8 日《无锡江阴市福彩中心　团体心理辅导课程》

受众:江阴市福彩中心工作人员及心理学爱好者

●2017 年 7 月 11 日《慢时光　遇见自己公益课堂》

受众:慢时光读书会及瑜伽馆部分会员

●2017 年 7 月 14 日《搜才网　九型人格与人力资源管理》

受众:搜才网员工及部分客户的人资经理

●2017 年 8 月 2 日—3 日、7 月 20 日-21 日《中石油海外公司　亲子夏令营之因材施教》

受众:中石油海外公司员工及家属

●2017 年 8 月 8 日《太原电视台新闻对话　暑期,如何把孩子拉出“网游”》

受众:太原周边电视观众

●2017 年 8 月 13 日《呼和浩特　东方九型之道——亲子关系篇》

受众:呼和浩特对家庭教育及性格感兴趣的家长及孩子

●2017 年 8 月 31 日《中海油　塑造职场阳光心态培训》

受众:中海油集团部分员工

●2017 年 9 月 2 日-3 日《凤舞九天东方九型人格专业课程培训》

受众：对性格感兴趣的各界人士

●2017 年 9 月 8 日《九型人格一天体验课》

受众：来自石家庄、北京、太原、大同的九型人格爱好者

●2017 年 9 月 9 日-10 日《河北浩康公司内训——九型人格与自我认知》

受众：河北浩康公司员工

●2017 年 9 月 12 日《山西省大同市税务干部减压培训》

受众：大同市税务干部

●2017 年 9 月 15 日《塑造职场阳光心态培训》

受众：中海油集团部分员工

●2017 年 9 月 17 日《九型人格基础知识培训》

受众：呼和浩特市对性格感兴趣的家长及孩子

●2017 年 10 月 10 日开始连续 12 期家庭教育系列讲座《林妈妈课堂》

受众：0 岁—18 岁孩子的父母

● 2017 年 10 月 10 日《你是什么样的父母——认识自己的模式》

● 2017 年 10 月 17 日《你有什么样的孩子——了解孩子》

● 2017 年 10 月 18 日《山西省运城市地税局税务干部减压培训》

受众：运城市税务干部

● 2017 年 10 月 20 日《山西能源学院大学生心理危机干预培训》

受众：山西能源学院各系部书记、辅导员、学生干部

● 2017 年 10 月 24 日《你和孩子的关系模式干扰》

● 2017 年 10 月 26 日《太原市后小河小学幸福教师训练营——教师心理调适》

受众：太原市后小河小学各校区教师

● 2017 年 10 月 28—29 日《凤舞九天东方九型人格专业课程培训》

受众：对性格感兴趣的各界人士

● 2017 年 10 月 31 日《因材施教——教育中的个性化方案》

● 2017 年 11 月 6 日《山西忻阜高速干部公共管理和创新能力提升班——九型人格与领导力》

受众：忻阜高速管理干部

- 2017 年 11 月 7 日《建立与孩子的情感链接——沟通基础》
- 2017 年 11 月 11 日《九型人格与自我认知专业课程》

受众：中创华学商学院学员，来自社会各界

- 2017 年 11 月 14 日《培养自己和孩子的情商》
- 2017 年 11 月 21 日《教孩子学会分享、学会合作》
- 2017 年 11 月 21 日《快乐工作　成功人生——税务干部压力与心理调适》

受众：榆次地税税务干部

- 2017 年 11 月 28 日《如何营造良好的家庭氛围》
- 2017 年 12 月 5 日《建立规则，节制欲望——帮孩子成功》
- 2017 年 12 月 12 日《打破强迫性分心对学习成绩的影响》
- 2017 年 12 月 17 日《解决焦虑性低效对学习的干扰》
- 2017 年 12 月 22 日《高效率学习体系的建立》